航天快响发射任务规划技术导论

吴 枫 刘 鹰 苏剑彬 等著

国防工業出版社
·北京·

内 容 简 介

本书围绕航天快响发射任务规划技术，介绍了基本概念、主要特点、总体技术方案、业务逻辑模型、仿真计算模型，涵盖了卫星轨道设计、发射弹道规划、计划仿真推演、多点齐射分析等内容。

本书可作为从事航天发射领域任务规划研究人员的参考资料。

图书在版编目（CIP）数据

航天快响发射任务规划技术导论/吴枫等著．—北京：国防工业出版社，2023．2

ISBN 978－7－118－12780－5

Ⅰ．①航…　Ⅱ．①吴…　Ⅲ．①航天器发射　Ⅳ．①V55

中国国家版本馆 CIP 数据核字（2023）第 020854 号

※

国防工業出版社出版发行

（北京市海淀区紫竹院南路 23 号　邮政编码 100048）

北京虎彩文化传播有限公司印刷

新华书店经售

＊

开本 710×1000　1/小 16　**印张** 10¼　**字数** 174 千字

2023 年 2 月第 1 版第 1 次印刷　**印数** 1—1000　**定价** 98.00 元

国防书店：（010）88540777　　书店传真：（010）88540776

发行业务：（010）88540717　　发行传真：（010）88540762

《航天快响发射任务规划技术导论》
编委会成员

主　编： 吴　枫

副主编： 刘　鹰　苏剑彬

参　编： 刘　阳　王　佳　刘秀罗
张凤林　郝海峰　李　超
方　晖　刘　昕　黄晓明
丁佳欣　张爱良　雍子豪
唐玉波　王　敏

PREFACE 前言

在我国航天事业迅猛发展的当下，如何着眼未来空间任务的需要，加速航天快响发射体系建设，已成为新形势下航天发射力量发展面临的重大现实问题。与平时发射任务相对明确的时间、空间约束不同，航天快响发射的多场区、多系统的联合实施扩展了任务的空间维度，装备长储管理、多任务连续实施也大幅延展了任务的时间维度。因此，为确保更分散、更多元航天快响发射力量体系的精确应用，必须发展与之相适应的任务规划系统，按照体系化思维梳理航天快响发射的任务定位和使用流程，设计任务规划总体技术框架，延伸打通核心业务流程，实现基于任务态势、发射状态、装备型谱和装备性能等条件下的发射方案快速生成、任务资源优化调度，从而为统筹运用航天发射、航天测控、卫星通信多领域力量，陆基、海基多类型发射平台等任务资源联合实施航天快响发射行动提供支撑。

本书作者多年从事航天快响发射任务规划总体设计、关键技术研究工作，有着丰富的工程实践经验。本书力求从工程实践中总结提炼出设计航天快响发射任务规划架构、流程、模型的基本方法，为从事该领域的技术人员和指挥人员提供参考。

本书共分6章。第1章介绍了航天快响发射的基本概念、基本特征和力量运用；第2章介绍了航天快响发射任务规划的基本概念、主要特点等；第3章介绍了卫星轨道规划业务逻辑模型，包括大椭圆以及小倾角圆轨道规划模型、太阳同步圆轨道规划模型等；第4章介绍了快响发射规划总体技术方案，包括技术架构、信息流程等；第5章介绍了快响发射规划业务逻辑模型，包括发射任务生成模型、发射方案生成模型、发射计划生成模型、任务可行性分析模型；第6章介绍了快响发射规划仿真计算模型，包括发射弹道计算模型、运载火箭测控分析计算模型、卫星过境窗口计算模型和多点齐射碰撞分析计算模型。

由于作者学识和能力有限，不当之处在所难免，敬请读者批评指正。

作者
2022年11月

CONTENTS 目录

第1章 航天快响发射

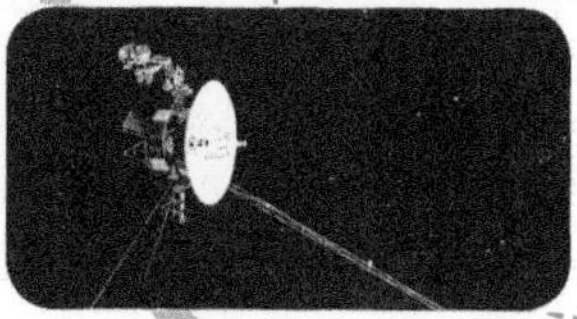

1.1 基本概念

航天快响发射是指根据空间快速响应任务要求，通过卫星、运载火箭的长期贮存、快速测试、快速组装，全箭长距机动、快速转场，及时、安全和可靠地完成空间进入任务的一种航天发射样式。

从体系运用的角度，航天快响发射强调的是发射力量运用的时效性和发射力量运用的生存性。时效性具体体现在从接到任务到任务完成所用的时间，如一周、一天或小时级，可以是依托固定工位的快速发射，也可以是依托场外发射点位预有准备的快速发射；生存性具体体现在卫星/运载火箭长期贮存、发射平台机动转进、发射点位待机至发射的各环节不被干扰和破坏的能力，主要是通过公路机动、空基以及铁路机动等多样化的机动方式予以完成。

1.2 基本特征

航天快响发射体系的主要特征体现在：聚焦以天快响的力量运用、瞄准体系运用的力量构成和立足技术发展的力量建设。

1.2.1 聚焦以天快响的力量运用

航天快响发射体系构建必须紧紧围绕“以天快响”，立足在场外机动发射更为复杂条件下的力量可靠运用，通过多层次的响应速度、多样化的机动平台和多场区的整体联动，为空间利用力量的建设、增强和重构提供可靠保障。

1.2.2 瞄准体系运用的力量构成

航天快响发射力量构成要素需覆盖指挥、装备、技术等基本核心要素。在指挥上要构成扁平的指挥体制、简洁的指挥关系和优化的指挥流程；在装备上要按照箭上与地面、主要与保障系列配套；在技术上要统筹体系运用、装备研制和工程建设各领域的关键技术突破。

1.2.3 立足技术发展的力量建设

在借鉴国外发展的基础上，遵循技术发展规律，先场内快速发射、再场外机动发射，先公路机动，适情发展海基发射等；不守旧，着力推进快速响应运载火箭型谱化、装备化，着力强化以测试发射、指挥通信等为重点的通用化、快速化和智能化，以发射保障、后勤保障等装备为重点的集成化、小型化和机动化。

1.3 力量运用

1.3.1 任务类型

1. 对地观测航天快响发射任务

当出现突发事件且在轨观测卫星系统不能满足任务需求时，通过航天快响发射将小型化卫星快速投送至目标轨道，从而在目标区域上空获取最新目标观测信息。

2. 通信保底航天快响发射任务

当出现突发事件且在轨通信卫星系统不能满足任务需求时，通过航天快响发射将小型化卫星快速投送至目标轨道，构建应急通信指挥链路，为处置突发事件提供及时的通信保底。

1.3.2　应用场景

应用场景主要包括多星组网发射和单星发射两种典型场景。

1. 多星组网发射

为对重点目标进行全天时全天候的详细观测，采用航天快响发射方式通过一箭多星发射多颗不同类型的卫星进入不同的目标轨道，实施多轨多星观测，获取目标区域的详细信息。

2. 快速发射单颗小型卫星

为解决现有当前卫星系统对重点地区空间、时间覆盖率不足的问题，快速发射1颗小型卫星，对当前卫星系统进行快速补网。

1.3.3　主要装备

1. 运载火箭

运载火箭为固体运载火箭，一般采用公路机动发射，运载火箭和发射车平时分别以整装状态贮存，执行任务时可根据任务等级快速完成运载火箭装填、星箭对接、出库机动，完成发射任务。运载火箭在机动过程中，具备水平对接状态下长距离运输能力。

2. 卫星

卫星一般为装载有光学、红外成像载荷或辐射、电波等信号侦测载荷的微小卫星，具备标准化结构大小、标准化电气接口，能够快速适应不同有效载荷模块，并能够适应运载火箭快速发射组网。卫星在机动过程中，具备水平对接状态下长距离运输能力。

3. 发射车

运载火箭发射车围绕机动性、操作使用性、可靠性等能力需求，采用混合驱动自行式底盘技术、双缸快速起竖技术、大载荷冷发射技术、冷热待机状态调温技术、全车信息一体化技术、全自主定位定向技术、分布式高压直流供配电技术、故障诊断与健康管理技术等,具备一车一箭、快速机动、冷热待机、广域无依托发射能力。

1.3.4 典型样式

1. 值班状态

按照发射方案,进入值班状态,保持待机状态;受领口令后,利用预设点位,快速实施发射。

2. 区域机动发射

一般采取公路机动方式,实施机动、待机、转进至预定地域实施机动发射。

3. 跨区域机动发射

一般采取公路机动方式,远距离跨区机动转进至预定地域实施机动发射。

1.3.5 任务转进

任务等级分为日常贮存、三级响应、二级响应、一级响应。

1. 日常贮存

运载火箭、卫星整体或大部段、模块式贮存在中心库,按照各自的性能保持期开展定期检测与健康管理,其他装备也通过定期或连续监测检测,确保任务状态可用。

2. 三级响应

完成运载火箭、卫星的技术测试、加注充气、总装对接等工作,全箭上发射车,具备机动条件。

为提高快速响应能力,适应不同任务需求,将根据配置的运载火箭、卫星种类、数量,设置一定数量的甲、乙、丙三级状态的值班卫星和运载火箭。

丙级状态:运载火箭、卫星已完成各自总装测试和加注。

乙级状态:运载火箭、卫星已完成对接,发射支持装备及其他保障装备状态准备好。

甲级状态:全箭上发射车,保持热待机状态。

3. 二级响应

发射平台机动转入待机点位或预设区域待命,根据任务需要,可直接进入发射点位。在机动过程同时完成卫星、运载火箭的加电测试等工作。

4. 一级响应

发射平台进入发射点位,待命发射。进入发射点位后进行展开、运载火箭起竖、加电自检、诸元生成装订。

1.3.6 任务流程

任务流程主要包括任务准备、机动行进、点位展开、准时发射、任务撤收和机动返回等相关阶段。

1. 任务准备

接到口令后,按照卫星发射时间要求选择对应任务等级的装备,依据预定的流程完成卫星、运载火箭的快速集成测试具备出库条件。通用性基本流程和要求是(根据不同任务等级要求可进行针对性内容剪裁):发射车机动至中心库,采用纯电机驱动模式行驶,进行调平、调温舱开盖,拆卸发射筒,筒箭对接、星箭对接、整流罩安装,弹射动力装置、底座安装,筒箭组合体转载至发射平台,调温舱关盖,锁箭,温控系统启动,完成出库准备。

2. 机动行进

接到机动口令后,车载箭驶出中心库房,按照预定计划隐蔽机动到达待机(发射)点位。

3. 点位展开

载箭发射车在待机点位期间,接到准备发射口令后,迅速机动至发射点位,完成发射前相关状态检查和技术准备,等待进入发射流程。

4. 准时发射

接到发射口令后,调温舱开盖,瞄准,起竖,在预定窗口点火发射,并进行发射任务快速评估。

5. 任务撤收

完成发射任务后,发射车转入机动运输状态,发射筒回平,调温舱关盖,支腿撤收,伪装附属设施撤收好,具备长途机动条件。

6. 机动返回

撤收完毕以后,组织人员、装备按照时间要求和预定路线返回预定驻地。

第2章 航天快响发射任务规划

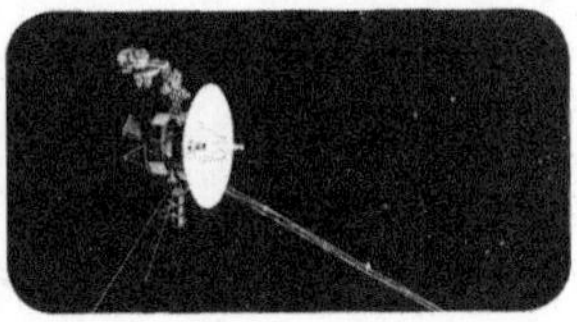

2.1 基本概念

航天快响发射任务规划是辅助指挥机构开展发射筹划和计划规划，并针对发射方案、计划开展合理性评估的核心支撑系统。支持以任务为中心，跨层级、跨地域开展作业，灵活支撑各级指挥机构协同遂行指挥决策与计划任务，涉及确定发射构想、提出决心建议、定下发射决心、发射方案评估、计划组织等过程。

航天快响发射任务规划要求具备发射需求分析、发射能力分析、发射资源调度和发射效果评估等功能。发射需求分析是指当天基系统在某关键部位、关键环节受到干扰时，快速分析系统受损情况、剩余保障能力，并结合目标区域及时限要求，分析给出系统重构方案及预期效果。发射能力分析是指针对卫星组网/补网发射需求，依据发射力量当前状态（人员、装备、保障状态等）、任务态势等信息，量化评估多场区、多平台联合航天快响发射能力，识别能力短板，为优化调配发射资源、形成联合任务构想提供依据。发射资源调度是指针对多场区、多平台联合航天快响发射场景，基于发射需求、发射能力、发射样式、发射平台、发射规则等模型，优化发射资源配置，开展任务前发射波次总体规划、任务中发射波次临机调整等，规避发射行动中可能出现的时间、空间、能力等方面冲突和潜在缺陷，为快速制订发射计划提供支撑。发射效果评估是指针对各波次发射，开展卫星入轨情况评估、与原有卫星协同工作情况评估，为及时掌握天基系统重构情况，提出阶段转换建议、方案预案优化建议提供支撑。

2.2　主要特点

2.2.1　协同规划

在明确发射方案要素的基础上，分析确定各要素的联动变化关系，并围绕统一发射区域和发射任务，依托相关要素规划方案，不断调整要素赋值向量，从而使要素集合结果能够在整体上实现最优。在多场区、多任务快响发射规划中，需要在完成本要素的规划分析后，按照相关约束准则，规避时间、空间、力量等各种任务资源的冲突情况，最终由各要素规划成果形成发射方案计划。因此，在规划过程中需要围绕统一发射任务，协调各要素的联动关系，确保最后的发射方案成果各要素协调匹配。首先开展发射多要素关键信息需求分析，建立多要素协同规划模型，基于多要素规划约束形成确定各要素的量化规划规则或算法，明确要素间输入/输出关系和联动变化模型，开展多约束协同规划冲突检测与消解，确定典型发射任务下的方案规划流程，或确定部分要素间的固定规划顺序和流程。

2.2.2　动态规划

在真实环境下，发射态势是实时变化的。发射装备状态、任务态势是开展任务规划的前提，态势的不断调整和变化决定了必须开展动态规划。在发射方案拟制的过程中，将发射装备状态、任务态势等因素设置为可调节因子，满足实时任务态势下的动态发射方案拟制要求。此外，任务规划实质上是一个多要素联动的整体最优解求解问题，是一个交互迭代、不断调整，从而逐步趋近最优或达到最优的规划过程。根据任务动态需要，需要快速实现方案成果和任务数据的联动变化以便发射指挥能够紧密跟踪态势变化以及方案计划情况，为正确快速决策提供重要基础。

2.2.3 快速规划

在综合分析任务态势、单星发射要求、多星相位要求等因素的基础上，快速给出满足发射要求的卫星轨道和发射弹道规划方案。在方案设计的过程中，优先考虑发射方案对发射任务的满足程度，即发射时间、入轨精度等要求，保证在最短时间内实现发射，及时完成发射任务。

2.3 天基观测效能评估

为评估天基观测总体效能，按照成像普查、成像详查、广域监视、综合观测的观测效能及总体观测效能进行仿真评估。其中，成像普查、成像详查、综合观测主要对全球陆地覆盖周期、任一指定目标重访周期进行仿真评估，广域监视主要对全球(包括陆地和海洋)覆盖周期、任一指定目标重访周期以及与电子观测卫星配合侦照次数进行仿真评估，整体能力主要对全球覆盖周期、任意指定目标重访周期进行仿真评估。

2.3.1 仿真条件设置

仿真条件设置的参数如下：

(1) 轨道参数。光学成像、微波成像卫星轨道高度、降交点地方时，各卫星轨道均匀分布，确保综合效能最优。

(2) 幅宽。

(3) 入射角。光学成像卫星相机侧摆角度，微波成像卫星合成孔径雷达(SAR)左右双侧视、入射角度。

(4) 单圈可工作时间。光学成像、微波成像卫星单圈可工作时间。

(5) 覆盖范围。全球南北纬度范围。

（6）指定目标。

（7）与电子观测卫星可配合判据。成像观测卫星与电子观测卫星过某个指定目标点的时间差小于某个时间值，即认为可以相互配合。

2.3.2 仿真场景与评估指标

1. 成像普查能力

成像普查能力仿真场景主要包括普查卫星全球覆盖场景、对指定目标重访观测场景。主要评估指标包括成像普查卫星组网运行情况、对全球陆地覆盖一次的时间周期、对指定陆地目标重访观测一次的时间周期。

2. 成像详查能力

成像详查能力仿真场景主要包括详查卫星全球覆盖场景、对指定目标重访观测场景。主要评估指标包括成像详查卫星组网运行情况、对全球陆地覆盖一次的时间周期、对指定陆地目标重访观测一次的时间周期。

3. 广域监视能力

广域监视能力仿真场景主要包括低轨广域监视卫星全球覆盖场景、对指定目标重访观测场景、与电子观测卫星配合观测场景。主要评估指标包括低轨广域监视卫星组网运行情况、对全球陆地覆盖一次的时间周期、对全球任意指定陆地目标重访观测一次的时间周期，与电子观测卫星配合工作每天对指定海洋目标配合识别次数，高轨光学、微波广域监视卫星提供我国周边特定区域内目标识别、目标指示、效果评估的覆盖范围、时间段与时效性。

4. 综合观测能力

综合观测能力仿真场景主要包括综合观测卫星全球覆盖场景、对指定目标重访观测场景。主要评估指标包括综合观测卫星在轨运行情况、对全球陆地覆盖一次的时间周期、对指定海洋目标重访观测一次的时间周期。

5. 整体能力

整体能力仿真场景主要包括所有卫星全球覆盖场景、对全球目标综合重访观测场景。主要评估指标包括成像观测卫星组网工作情况、对全球覆盖一次的时间周期、对任意指定目标重访一次的时间周期，提供目标识别、连续监视、目标指示、效果评估的覆盖范围、时间段和时效性。

2.4 天基观测应急增强

2.4.1 基本概述

天基观测应急增强主要是针对天基动态跟踪监视等任务场景，通过多星在线资源分配与调度、多星组网快响发射策略规划和快响条件下发射组网策略规划，实现天基观测网络系统快速优化构建，应急增强天基观测能力。

1. 多星在线资源分配与调度

未来天基监视系统将向立体化、多维化方向发展，对监视体系的构建快速性提出更高要求。现有监视策略主要基于已有星座制定或借助少颗星的临时调度完成，综合监视效能有限。因此，需要基于协同探测、定位、监视需求以及既定卫星资源，开展最优星座设计，包括星座规模设计、星座构型设计、多星（多载荷）轨道设计等，并基于设计结果快速完成监视效果及效益预示。

2. 多星组网快响发射策略规划

未来天基监视系统需适应突发性、多样性的监视任务，对组网完成周期、成本及复杂度提出更高要求。针对既有多星资源分配结果，考虑多种监视任务及快响发射条件约束，结合既有运载火箭资源及其运载能力，快速计算各箭的发射窗口，优化各箭发射诸元、发射弹道及发射波次。

3. 快响条件下发射组网策略规划

考虑已有运载火箭资源及其运载能力，基于无依托快响发射方式，实现机动条件下的发射弹道临机生成；构建机动发射窗口与最优发射组网策略间的映射网络，实现从实时发射条件及多星组网需求到多箭发射策略的快速生成。

2.4.2 技术指标要求

技术指标要求主要包括：卫星组网规模、最优星座设计结果相对现有星座的覆盖性、发射策略、运载火箭发射策略约束条件、发射窗口计算时间、运载火箭发射弹道在线规划时间、发射轨道高度、对热点目标重访时间、每次对目标监视时间、地面覆盖带宽。

2.4.3　卫星轨道规划

1. 卫星轨道参数变化范围分析

(1) 协同目标识别。利用多星对潜在目标进行协同图像识别,并借助红外辐射、运动特性和尺寸比对等辅助判据完成目标识别。进一步基于载荷能力和典型目标特性,分析不同轨道高度及倾角等参数对识别精度的影响,总结出轨道设计约束。

(2) 协同目标定位。利用多星对潜在目标进行协同定位,完成位置、速度及运动趋势估计。进一步基于载荷能力和典型目标特性,分析不同轨道高度及倾角等参数对定位精度的影响,总结出轨道设计约束。

2. 卫星初始轨道参数变化范围分析

研究卫星空间轨道(半)解析递推方法,实现初始轨道→停泊轨道→转移轨道→目标轨道的快速转移策略生成,并快速给出完成变轨所需要的速度增量。根据飞行器能量约束,反向提出初始轨道参数约束需求。

3. 星座监视效能分析

根据各卫星的轨道根数及星载传感器类型和参数,计算其对目标区域覆盖性,包括实时可覆盖经/纬度带、区域覆盖率等。结合目标的协同定位结果,计算星座对目标的监视效能,包括贡献度评估、综合效能评估等。

4. 卫星星座设计

基于典型的卫星星座构型(flower、δ、walker),优化轨道面、相位、卫星数量等星座设计参数,包括轨道倾角、近地点幅角、升交点赤经等。

5. 典型案例分析

考虑对某区域目标进行监视,采用 21 颗装备卫星,发射至约 800km 高度、38°倾角圆轨道,形成应急组网星座如图 2-1 ~ 图 2-3 所示。考虑最大载荷视场,可以实现重访周期约 10min,每次监视长度大于 10min。

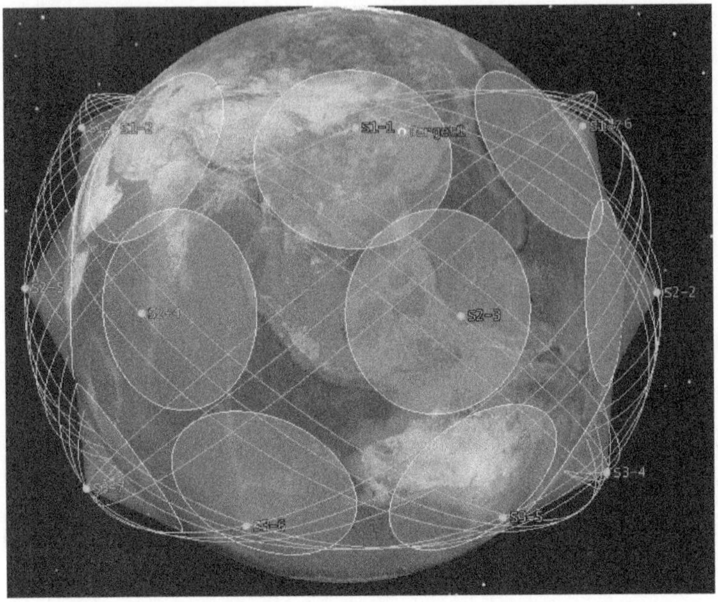

图 2-1　应急组网星座构型示意图

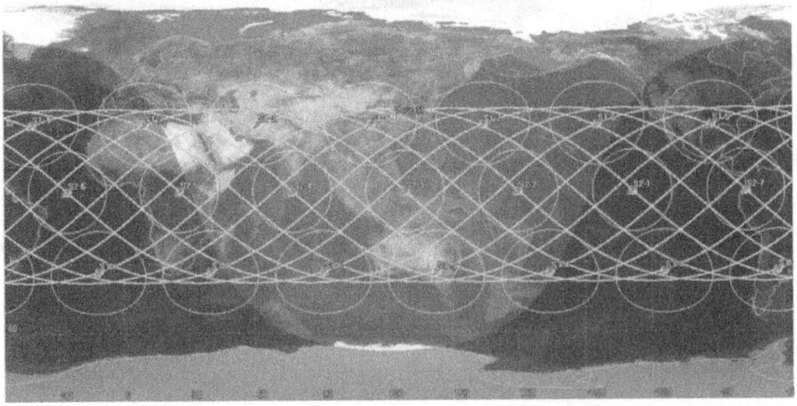

图 2-2　应急组网星座星下点轨迹示意图

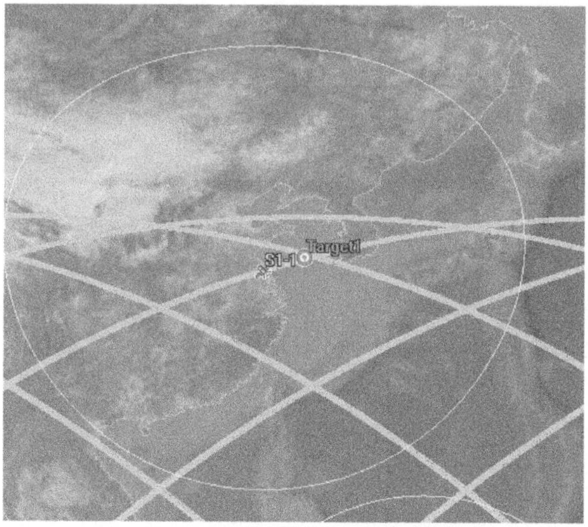

图 2－3　对目标观测示意图

2.4.4　快响发射规划

1. 发射窗口计算

根据星座中各轨道的参数及当前任务时刻(世界时),考虑地面测控、太阳光照、发射点位等约束条件,计算运载火箭发射时刻,同时,根据上面级轨道修正能力确定初始入轨偏差,进而计算发射窗口。

2. 发射弹道计算

如图 2－4 和图 2－5 所示,根据星座中各轨道参数确定弹道设计约束条件,设计主动段程序角变化形式,实现最优发射弹道的快速生成。

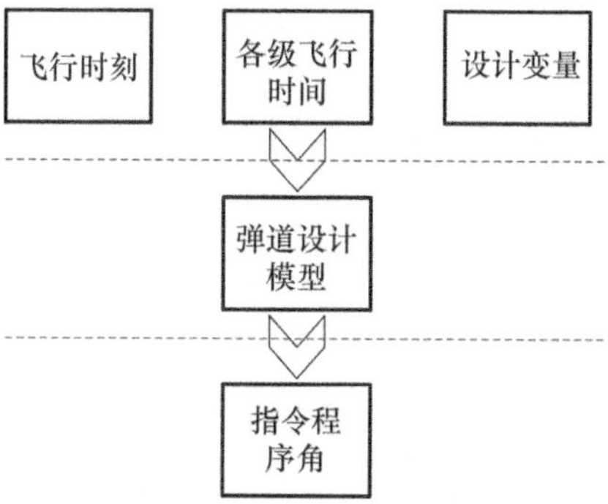

图 2－4　发射弹道设计模型

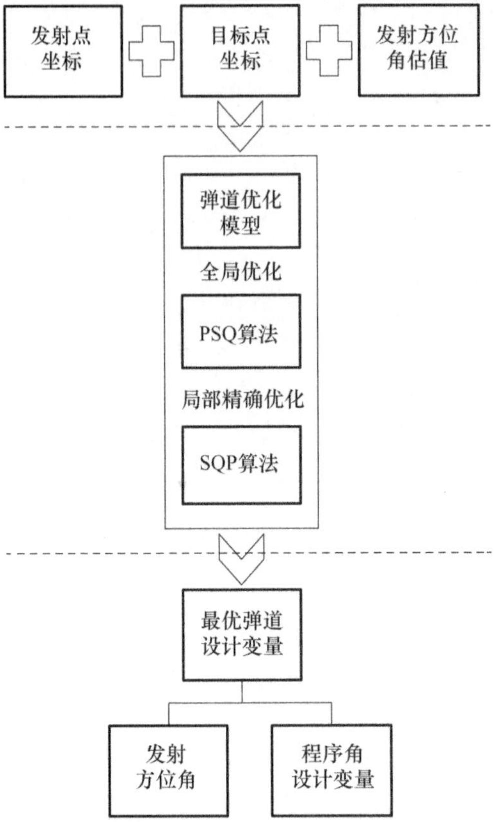

图2－5　发射弹道优化方法

3. 航落区安全分析

基于精确弹道数据状态的初始质量和发动机预示性能，考虑动压约束，分析极限运载能力，同时给出对应的各子级残骸理论落点及安全区的理论估算结果。由于各子级舱体残骸、整流罩气动参数的偏差和飞行状态、各种干扰的不确定，其落点不可能准确计算确定，只能给出理论参考落点和一定范围的安全区。

（1）计算条件。计算条件参数有发射点大地经度、大地纬度、高程；发射方式；地球模型；地球引力计算；大气模型；各级主发动机喷管和绝热层烧蚀量引起的流量变化，各级主发动机取标准温度状态数据；整流罩分离与二、三级分离时间间隔；飞行动压；根据轨道倾角应大于发射点地心纬度，以及考虑人口、城市密集等因素,选用的低目标轨道倾角。

(2)子级舱体残骸落区及其安全区表示。子级舱体残骸落区及其安全区示意图如图 2－6 所示。

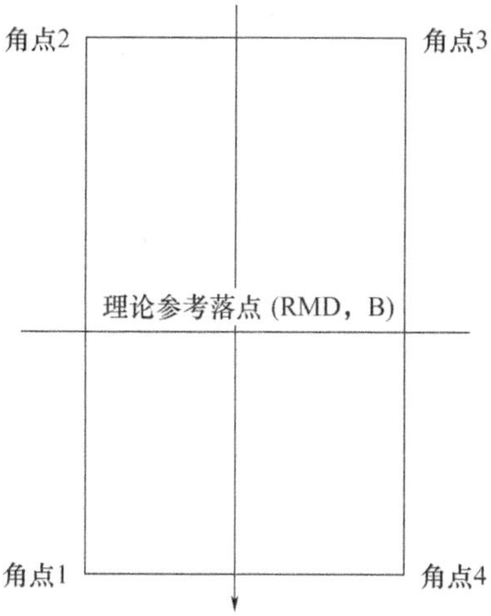

图 2－6　子级舱体残骸落区及其安全区示意图

(3)子级舱体残骸落区及其安全区理论估算。残骸落点如图 2－7 所示,子级舱体残骸安全区大小根据当地射向方向前后、横向距离给出。根据理论参考落点航程、理论当地射向,可以得出子级舱体残骸落区及其安全区理论估算结果,经初步的图上作业可知子级残骸大致落区。

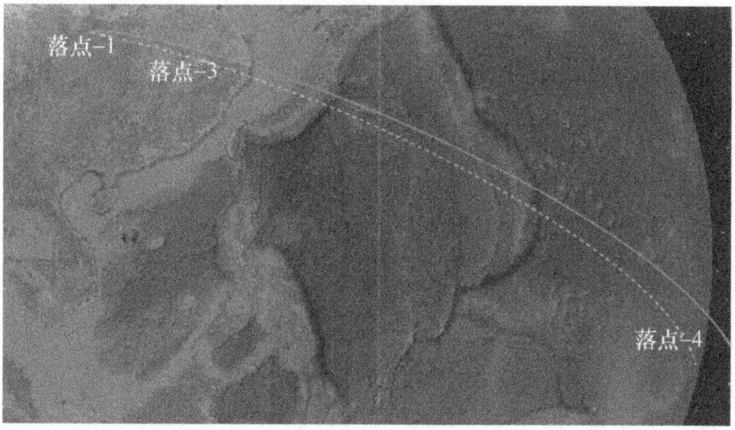

图 2－7　子级舱体残骸落区示意图

4. 发射策略设计

根据星座中各轨道的参数和各运载火箭的发射位置与总体参数，完成发射任务编组，包括运载火箭与目标轨道间的匹配及一箭多星发射时序优化。如图2－8所示，工作原理是针对可用力量、卫星、运载火箭等资源约束及发射窗口约束，通过寻优算法，得到资源调度约束下的发射任务编组方案，即使用哪些力量、运载火箭/卫星型号、发射时机、有哪些发射点满足要求等。只要气象时间窗口、中继、测控等满足最低发射条件，即可对任务进行分析，得出尽可能满足发射任务需求的发射任务编组结果。

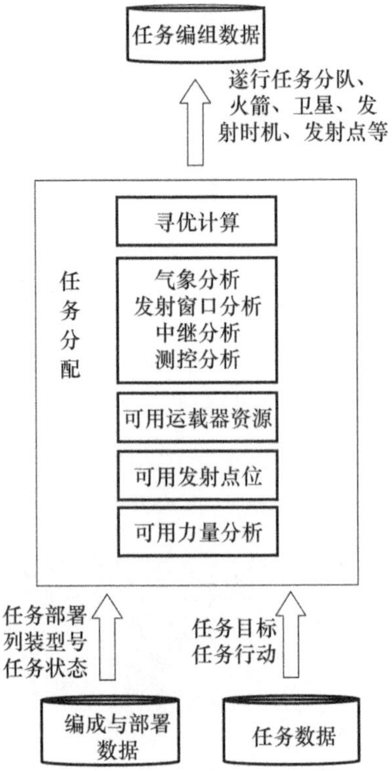

图2－8　发射任务编组工作原理

5. 发射任务剖面快速优化

考虑已有运载火箭资源及其运载能力，基于无依托快速发射方式，采用强化学习方法，构建机动发射窗口与最优发射组网策略间的映射网络，完成区域机动条件下的发射弹道临机生成。

第3章 卫星轨道规划业务逻辑模型

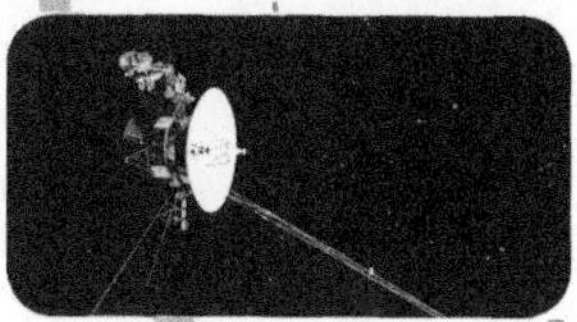

3.1 大椭圆以及小倾角圆轨道规划模型

3.1.1 轨道规划求解模型

对于任意给定的发射点 L，以发射点为中心，以经纬度线为坐标轴构建4个象限，如图3-1所示。在每个象限内选取一定的角度范围作为卫星轨道倾角的遍历范围。

图3-1中的4个象限分别对应卫星的4种发射入轨模式：逆行下降1，逆行上升2，顺行下降3，顺行上升4。大椭圆轨道设计的倾角遍历范围选取与小倾角轨道设计的倾角遍历范围选取一致，选取卫星逆行轨道倾角遍历范围[domainDegreeLower$W$, domainDegreeUpper$W$]度，选取卫星顺行轨道倾角遍历范围[domainDegreeLower$E$, domainDegreeUpper$E$]度。

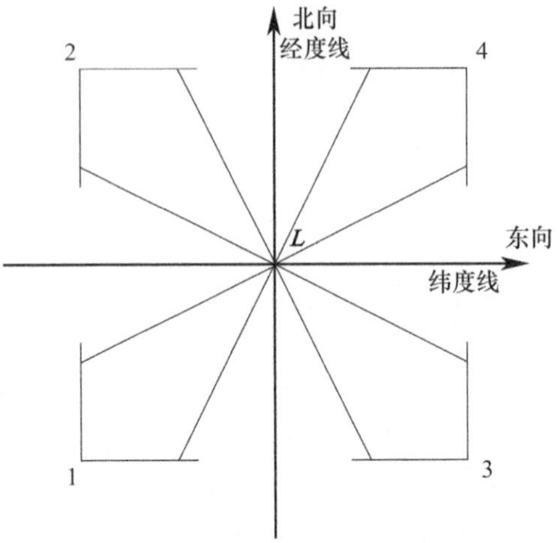

图 3-1　轨道倾角遍历象限图

大椭圆轨道设计中，对于 4 种发射入轨模式遍历范围内的每条卫星轨道，计算卫星入轨后 6 次星下点过境目标纬度圈时刻的经度值。当前卫星运行轨道为椭圆轨道，选取卫星轨道入轨点为大椭圆轨道近地点，则入轨时刻的真近点角 $f_I=0$。根据J_2摄动条件下的卫星椭圆运行轨道方程，可以计算出t_1、t_2、t_3、t_4、t_5和t_6时刻卫星星下点过境目标纬度圈时在地心地固坐标系（ECEF）下的大地经度 Lon_{T1}、Lon_{T2}、Lon_{T3}、Lon_{T4}、Lon_{T5}和 Lon_{T6}，其计算如下：

$$Lon_{T1}=\mathrm{OnComputeValueLonGCellipse}(t_1,u_{T1}-u_I,a_I,\Omega,\omega_I,i,t_I)$$

$$Lon_{T2}=\mathrm{OnComputeValueLonGCellipse}(t_2,u_{T2}-u_I,a_I,\Omega,\omega_I,i,t_I)$$

$$Lon_{T3}=\mathrm{OnLimitPiRadian}(Lon_{T1}-t_\Omega(\omega_E-\dot{\Omega}))$$

$$Lon_{T4}=\mathrm{OnLimitPiRadian}(Lon_{T2}-t_\Omega(\omega_E-\dot{\Omega}))$$

$$Lon_{T5}=\mathrm{OnLimitPiRadian}(Lon_{T1}-2\,t_\Omega(\omega_E-\dot{\Omega}))$$

$$Lon_{T6}=\mathrm{OnLimitPiRadian}(Lon_{T2}-2\,t_\Omega(\omega_E-\dot{\Omega}))$$

式中：OnComputeValueLonGCellipse 为大椭圆轨道卫星的星下点轨迹计算模块；ω_E 为地球自转角速度；$\dot{\Omega}$ 为轨道升交点赤经导数，$\dot{\omega}$ 为近地点辐角导数；t_Ω为轨道周期。

小倾角圆轨道设计中，对于 4 种发射入轨模式遍历范围内的每条卫星轨道，计算卫星入轨后 6 次星下点过境目标纬度圈时刻的经度值。定义卫星入轨后 6 次过境目标纬度圈的时刻分别为t_1、t_2、t_3、t_4、t_5和t_6，具体计算如下：

$$t_1=(u_{T1}-u_I)/n,\quad t_2=(u_{T2}-u_I)/n,$$
$$t_3=t_1+t_\Omega,\quad t_4=t_2+t_\Omega,$$
$$t_5=t_1+2t_\Omega,\quad t_6=t_2+2t_\Omega$$

式中：$n=\sqrt{\mu/a_I^3}$ 为卫星平均角速度，其中，$\mu=398600.4415\text{km}^3/\text{s}^2$ 为地心引力常数，t_Ω为轨道周期，计算公式为：

$$t_\Omega=\frac{2\pi}{n\left[1-\frac{3}{2}J_2\left(\frac{R_E}{a_I}\right)^2(1-4\cos^2 i)+\frac{3}{16}J_2^2\left(\frac{R_E}{a_I}\right)^4(5-48\cos^2 i+133\cos^4 i)\right]}$$

式中：J_2 为地球扁率二阶项，$J_2=1082.6267\times10^{-6}$。

当前卫星运行轨道为圆形轨道，选取卫星轨道升交点与轨道近地点重合，则运行轨道的近地点辐角$\omega_I=0$。根据J_2摄动条件下的卫星圆形运行轨道方程，可以计算出t_1、t_2、t_3、t_4、t_5和t_6时刻卫星星下点过境目标纬度圈时在 ECEF 下的大地经度Lon_{T1}、Lon_{T2}、Lon_{T3}、Lon_{T4}、Lon_{T5}和 Lon_{T6}，其计算如下：

$$Lon_{T1}=\text{OnComputeValueLonGCcircle}(t_1,u_{T1},a_I,\Omega,\omega_I,i,t_I)$$
$$Lon_{T2}=\text{OnComputeValueLonGCcircle}(t_2,u_{T2},a_I,\Omega,\omega_I,i,t_I)$$
$$Lon_{T3}=\text{OnLimitPiRadian}(Lon_{T1}-t_\Omega(\omega_E-\dot{\Omega}))$$
$$Lon_{T4}=\text{OnLimitPiRadian}(Lon_{T2}-t_\Omega(\omega_E-\dot{\Omega}))$$
$$Lon_{T5}=\text{OnLimitPiRadian}(Lon_{T1}-2t_\Omega(\omega_E-\dot{\Omega}))$$
$$Lon_{T6}=\text{OnLimitPiRadian}(Lon_{T2}-2t_\Omega(\omega_E-\dot{\Omega}))$$

式中：OnComputeValueLonGCcircle 为圆形轨道卫星星下点轨迹计算模块；ω_E 为地球自转角速度，轨道升交点赤经导数$\dot{\Omega}$和近地点辐角导数$\dot{\omega}$的计算如下：

$$\dot{\omega}=1.5n\,J_2\left(\frac{R_E}{a_I(1-e_I^2)}\right)^2(2-2.5\sin^2 i)+\frac{3}{128}n\,J_2^2\left(\frac{R_E}{a_I(1-e_I^2)}\right)^4(14-228\cos^2 i+790\cos^4 i)$$

$$\dot{\Omega}=-1.5n\,J_2\left(\frac{R_E}{a_I(1-e_I^2)}\right)^2\cos i\left(1-0.25\,J_2\left(\frac{R_E}{a_I(1-e_I^2)}\right)^2(4-19\cos^2 i\right)$$

式中：R_E为地球平均半径；J_2为地球扁率二阶项。

3.1.2　轨道设计

大椭圆以及小倾角圆轨道计算 OnComputeEllipseOrbit 流程如图 3－2 所示。

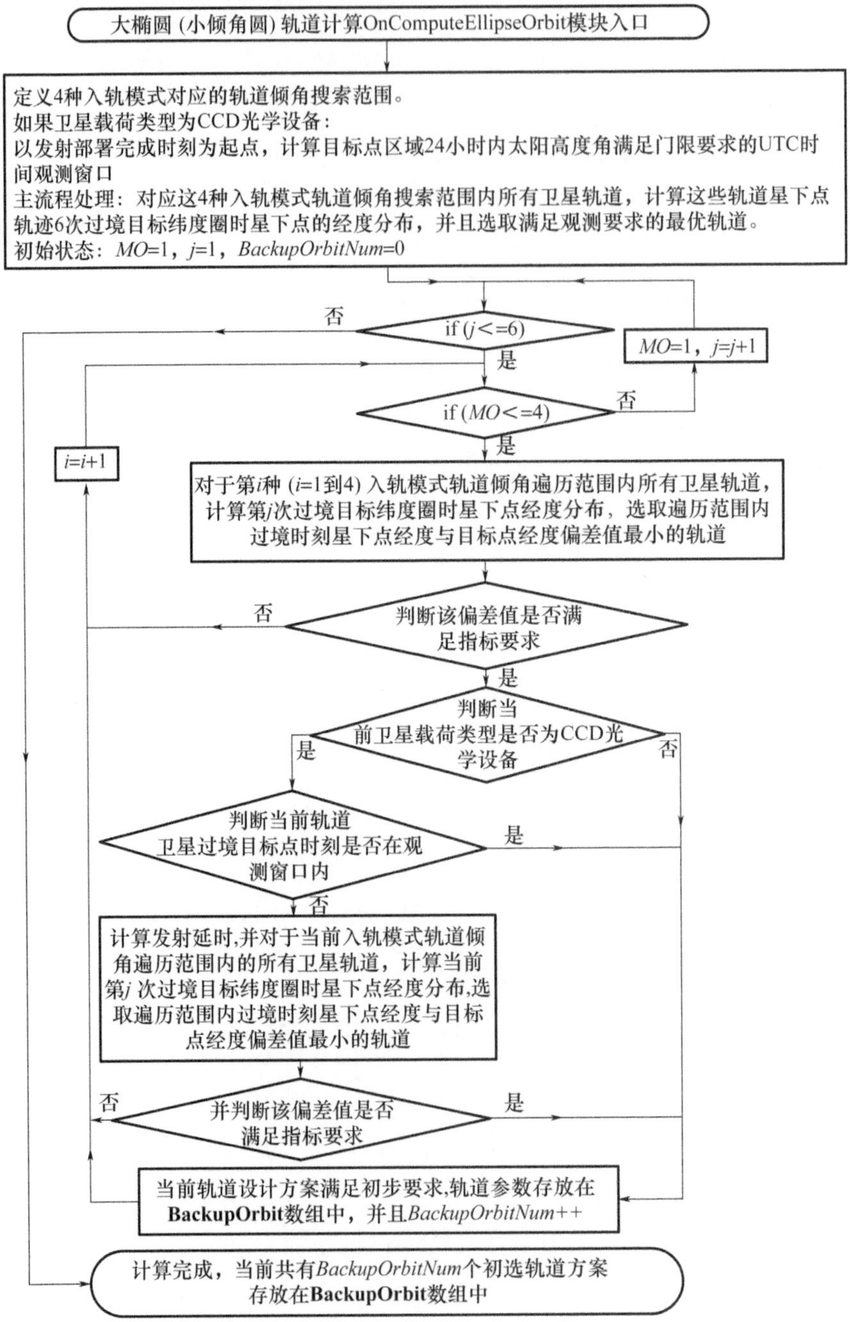

图3-2　大椭圆（小倾角圆）轨道计算（OnComputeEllipseOrbit）流程图

第1步：大椭圆轨道和小倾角圆轨道均具有4种入轨模式，即逆行下降、逆行上升、顺行下降、顺行上升。根据轨道半长轴的上、下限，获得逆行上升和逆行下降的轨道倾角搜索范围、顺行上升和顺行下降的轨道倾角搜索范围。

如果卫星载荷类型为CCD光学设备，那么以发射部署完成时刻为起点，计算目标点区域24h内太阳高度角满足阈值要求的UTC时间观测窗口。

该轨道规划方法针对4种入轨模式对应轨道的倾角搜索范围内所有卫星轨道，计算卫星轨道星下点轨迹6次过境目标纬度圈时星下点的经度分布，并且选取满足观测要求的最优轨道。

设定初始状态为：MO为入轨模式，MO的取值为1、2、3和4，分别指代逆行下降、逆行上升、顺行下降、顺行上升共4种入轨模式，MO初始值设定为1；j为过境次数，j的初始值设定为1，过境总次数为6；BackupOrbitNum为轨道方案个数，BackupOrbitNum的初始值设定为0。

第2步：判断j的值是否满足$j \leqslant 6$，若是则进入第3步，否则进入第11步。

第3步：判断MO的值是否满足$MO \leqslant 4$；若是则进入第4步，否则将MO重新设定为1，j自增1，返回第2步。

第4步：对于第MO种入轨模式轨道倾角遍历范围内所有卫星轨道，调用遍历范围内卫星大椭圆轨道星下点过境目标纬度圈地心经度分布计算（OnComputeOrbitMinValueEllipse）计算第j次过境目标纬度圈时星下点经度分布，选取轨道倾角遍历范围内过境时刻星下点经度与目标点经度偏差值最小的轨道。

第5步：判断第4步中所选取的偏差值最小的轨道对应的偏差值是否满足预设的指标要求，若是则进入第6步，否则MO自增1，返回第3步。

第6步：判断当前卫星载荷类型是否为CCD光学设备，若是则进入第7步，否则进入第10步。

第7步：判断当前轨道卫星过境目标点时刻是否在CCD光学设备的UTC时间观测窗口内，若是则进入第10步，否则进入第8步。

第8步：计算发射延时，对于当前入轨模式轨道倾角遍历范围内的所有卫星轨道，调用遍历范围内卫星大椭圆轨道星下点过境目标纬度圈地心经度分布计算（OnComputeOrbitMinValueEllipse）计算当前第j次过境目标纬度圈时星下点经度分布，选取遍历范围内过境时刻星下点经度与目标点经度偏差值最小的轨道。

第 9 步:判断第 8 步中所选取的偏差值最小的轨道是否满足预设的指标要求,若是则进入第 10 步,否则返回第 3 步。

第 10 步:当前第 BackupOrbitNum 个轨道规划方案满足初步要求,将当前第 BackupOrbitNum 个轨道规划方案存入 **BackupOrbit** 数组中,并且 BackupOrbitNum 自增 1。

第 11 步:大椭圆或者小倾角圆轨道规划完成,将当前对应的共 BackupOrbitNum 个轨道方案存入预先构建的 **BackupOrbit** 数组中。

3.1.3 地心经度分布计算

遍历范围内卫星大椭圆轨道星下点过境目标纬度圈地心经度分布计算(OnComputeOrbitMinValueEllipse)如图 3-3 所示,具体包括如下步骤。

第 101 步:开始在遍历范围内轨道星下点过境目标纬度圈地心经度分布计算。

第 102 步:轨道倾角遍历范围的参数初始化:轨道倾角遍历初始值 domainDegreeLower,遍历间隔 0.01°,遍历次数 indexNum,索引 index = 1。

第 103 步:判断是否满足 *index* < = indexNum;若是则进入第 104 步;否则进入第 105 步。

第 104 步:对当前轨道倾角为 IiAngleDegree = domainDegreeLower + 0.01 × (index - 1)的卫星发射轨道和卫星运行轨道,调用大椭圆轨道卫星的发射轨道和运行轨道计算(OnComputeOrbitValueEllipse)进行大椭圆轨道星下点轨迹的计算,返回卫星星下点轨迹多次过境目标纬度圈时的星下点地心经度与目标点地心经度的偏差分布数据,并对索引值 index 进行累积自增 1 处理,返回第 103 步。

第 105 步:对于遍历范围内 indexNum 条卫星轨道星下点轨迹第 *j* 次过境目标纬度圈时的星下点地心经度与目标点地心经度的偏差分布进行统计,选取偏差值最小的轨道方案,并对该最小偏差值 minValue 进行阈值 threshold 判决;*j* 取值为 1 ~ 6。

第 106 步:若 minValue < = threshold,则进入第 107 步;否则返回无效值。

第 107 步:minValue 对应的轨道方案保存在 **minTimeOrbit** 数组中,并返回有效轨道倾角值。

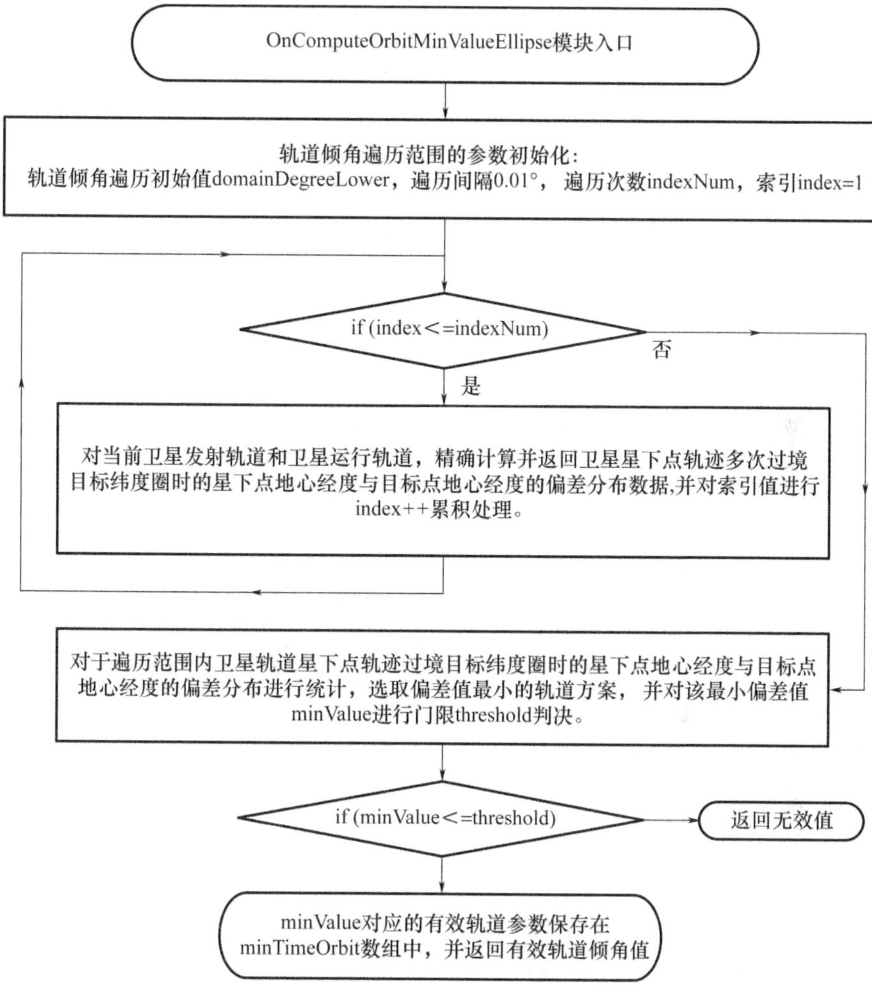

图 3－3　遍历范围内卫星大椭圆轨道星下点过境目标纬度圈地心经度分布计算 OnComputeOrbitMinValueEllipse 的流程图

3.1.4　发射与运行轨道计算

在第 104 步中,大椭圆轨道卫星的发射轨道和运行轨道计算 OnCompute-OrbitValueEllipse 如图 3－4 所示,具体包括如下步骤。

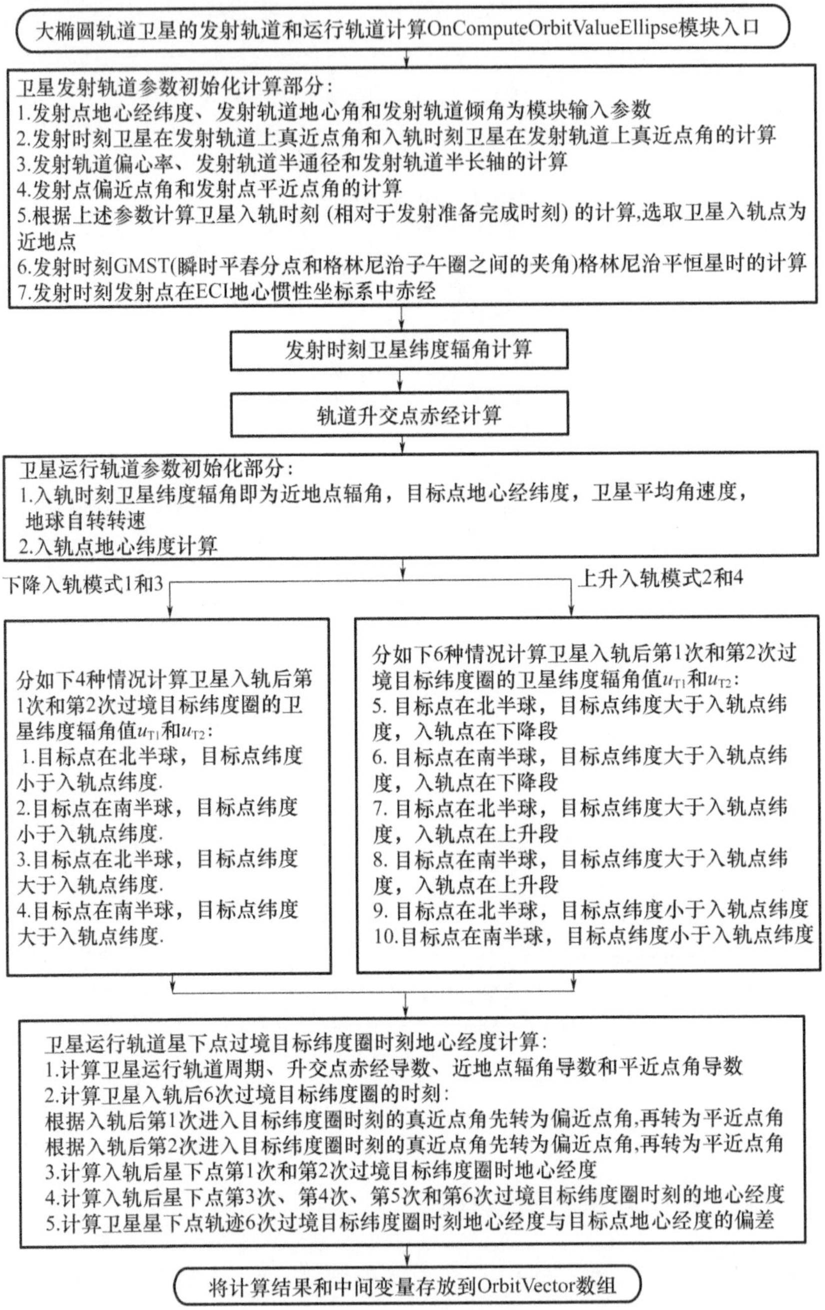
大椭圆轨道卫星的发射轨道和运行轨道计算OnComputeOrbitValueEllipse模块入口
卫星发射轨道参数初始化计算部分：
1.发射点地心经纬度、发射轨道地心角和发射轨道倾角为模块输入参数
2.发射时刻卫星在发射轨道上真近点角和入轨时刻卫星在发射轨道上真近点角的计算
3.发射轨道偏心率、发射轨道半通径和发射轨道半长轴的计算
4.发射点偏近点角和发射点平近点角的计算
5.根据上述参数计算卫星入轨时刻（相对于发射准备完成时刻）的计算,选取卫星入轨点为近地点
6.发射时刻GMST(瞬时平春分点和格林尼治子午圈之间的夹角)格林尼治平恒星时的计算
7.发射时刻发射点在ECI地心惯性坐标系中赤经
发射时刻卫星纬度辐角计算
轨道升交点赤经计算
卫星运行轨道参数初始化部分：
1.入轨时刻卫星纬度辐角即为近地点辐角，目标点地心经纬度，卫星平均角速度，地球自转转速
2.入轨点地心纬度计算
下降入轨模式1和3
上升入轨模式2和4
分如下4种情况计算卫星入轨后第1次和第2次过境目标纬度圈的卫星纬度辐角值u_{T1}和u_{T2}：
1.目标点在北半球，目标点纬度小于入轨点纬度.
2.目标点在南半球，目标点纬度小于入轨点纬度.
3.目标点在北半球，目标点纬度大于入轨点纬度.
4.目标点在南半球，目标点纬度大于入轨点纬度.
分如下6种情况计算卫星入轨后第1次和第2次过境目标纬度圈的卫星纬度辐角值u_{T1}和u_{T2}：
5. 目标点在北半球，目标点纬度大于入轨点纬度，入轨点在下降段
6. 目标点在南半球，目标点纬度大于入轨点纬度，入轨点在下降段
7. 目标点在北半球，目标点纬度大于入轨点纬度，入轨点在上升段
8. 目标点在南半球，目标点纬度大于入轨点纬度，入轨点在上升段
9. 目标点在北半球，目标点纬度小于入轨点纬度
10.目标点在南半球，目标点纬度小于入轨点纬度
卫星运行轨道星下点过境目标纬度圈时刻地心经度计算：
1.计算卫星运行轨道周期、升交点赤经导数、近地点辐角导数和平近点角导数
2.计算卫星入轨后6次过境目标纬度圈的时刻：
根据入轨后第1次进入目标纬度圈时刻的真近点角先转为偏近点角,再转为平近点角
根据入轨后第2次进入目标纬度圈时刻的真近点角先转为偏近点角,再转为平近点角
3.计算入轨后星下点第1次和第2次过境目标纬度圈时地心经度
4.计算入轨后星下点第3次、第4次、第5次和第6次过境目标纬度圈时刻的地心经度
5.计算卫星星下点轨迹6次过境目标纬度圈时刻地心经度与目标点地心经度的偏差
将计算结果和中间变量存放到OrbitVector数组

图 3－4　大椭圆轨道卫星的发射轨道和运行轨道计算 OnComputeOrbitValueEllipse 的流程图

第 10421 步：卫星发射轨道参数初始化计算部分：发射点地心经纬度为(λ_L，φ_L)、发射轨道地心角 β_L 和发射轨道倾角 i 为输入参数；发射时刻卫星在发射轨道上真近点角 fLradian 和入轨时刻卫星在发射轨道上真近点角 fIradian 的计算；发射轨道偏心率e_L、发射轨道半通径 p 和发射轨道半长轴a_L的计算；发射点偏近点角 ELangleRadian 和发射点平近点角 MLangleRadian 的计算；根据上述参数计算卫星入轨时刻 t_I，选取卫星入轨点为近地点；进行发射时刻 GMST 格林尼治平恒星时G_L的计算；发射时刻发射点在 ECI 地心惯性坐标系中赤经为：α_L = OnLimitPiRadian($G_L + \lambda_L$)。

第 10422 步：若为下降入轨模式，包括顺行下降和逆行下降，发射时刻卫星纬度辐角计算如下：

$$u_L = \pi - \arcsin(\sin\varphi_L / \sin i)$$

轨道升交点赤经：

$$\Omega = \text{OnLimit2PiRadian}(\alpha_L - \arctan(\tan u_L \times \cos i) + \pi)$$

若为上升入轨模式，包括顺行上升和逆行上升，发射时刻卫星纬度辐角计算如下：

$$u_L = \arcsin(\sin\varphi_L / \sin i)$$

轨道升交点赤经：

$$\Omega = \text{OnLimit2PiRadian}(\alpha_L - \arctan(\tan u_L \times \cos i) + 0)$$

第 10423 步：卫星运行轨道参数初始化部分：入轨时刻卫星纬度辐角$u_I = u_L + \beta_L$，目标点地心经纬度(λ_T，φ_T)，卫星平均角速度 n，地球自转转速ω_E；入轨点地心纬度为$\varphi_I = \arcsin(\sin u_I \sin i)$。

第 10424 步：若为下降入轨模式，则分如下 4 种情况计算卫星入轨后第 1 次和第 2 次过境目标纬度圈的卫星纬度辐角值u_{T1}和u_{T2}；目标点地心纬度为φ_T，入轨点地心纬度为φ_I。

第 1 种情况：目标点在北半球，目标点地心纬度小于等于入轨点地心纬度。

第 2 种情况：目标点在南半球，目标点地心纬度小于等于入轨点地心纬度。

第 3 种情况：目标点在北半球，目标点地心纬度大于入轨点地心纬度。

第 4 种情况：目标点在南半球，目标点地心纬度大于入轨点地心纬度。

若$\varphi_T \leqslant \varphi_I$，即目标点地心纬度小于等于入轨点地心纬度，则对于入轨后第 1 次过境，$u_{T1} = \pi - \arcsin\left(\frac{\sin\varphi_T}{\sin i}\right)$；包括第 1 种情况和第 2 种情况，如果

OnLimit2PiRadian(u_{T1}) < π,则属于第 1 种情况,第一中间变量为 $\Delta u = \pi - u_{T1}$;第二中间变量为$u_{Temp} = \pi + 2\Delta u$;否则属于第 2 种情况,$\Delta u = u_{T1} - \pi$;$u_{Temp} = \pi - 2\Delta u$;则入轨后第 2 次过境$u_{T2} = u_{T1} + u_{Temp}$。

若$\varphi_T > \varphi_I$,即目标点地心纬度大于入轨点地心纬度,则对于入轨后第 1 次过境,$u_{T1} = 2\pi + \arcsin\left(\dfrac{\sin\varphi_T}{\sin i}\right)$;包括第 3 种情况和第 4 种情况。

如果 OnLimit2PiRadian(u_{T1}) < π,则属于第 3 种情况:指代量 tempRadian 用于指代 OnLimit2PiRadian(u_{T1}),Δu = tempRadian;$u_{Temp} = \pi - 2\Delta u$;否则属于第 4 种情况:$\Delta u$ = fabs(tempRadian − 2π);$u_{Temp} = \pi + 2\Delta u$;则入轨后第 2 次过境 $u_{T2} = u_{T1} + u_{Temp}$;

若为上升入轨模式,分如下 6 种情况计算卫星入轨后第 1 次和第 2 次过境目标纬度圈的卫星纬度辐角值u_{T1}和u_{T2}。

第 5 种情况:目标点在北半球,目标点纬度大于入轨点纬度,入轨点在下降段。

第 6 种情况:目标点在南半球,目标点纬度大于入轨点纬度,入轨点在下降段。

第 7 种情况:目标点在北半球,目标点纬度大于入轨点纬度,入轨点在上升段。

第 8 种情况:目标点在南半球,目标点纬度大于入轨点纬度,入轨点在上升段。

第 9 种情况:目标点在北半球,目标点纬度小于入轨点纬度。

第 10 种情况:目标点在南半球,目标点纬度小于入轨点纬度。

若 $\varphi_T \geqslant \varphi_I$,即目标点地心纬度大于等于入轨点地心纬度,且入轨点在下降段$\left(U_I \geqslant \dfrac{\pi}{2}\right)$,则对于入轨后第 1 次过境,$u_{T1} = 2\pi + \arcsin\left(\dfrac{\sin\varphi_T}{\sin i}\right)$;tempRadian = OnLimit2PiRadian(u_{T1});

若 tempRadian < π 属于第 5 种情况,Δu = tempRadian;$u_{Temp} = \pi - 2\Delta u$;否则属于第 6 种情况,则 Δu = fabs(tempRadian − 2π);$u_{Temp} = \pi + 2\Delta u$;

若$\varphi_T \geqslant \varphi_I$,即目标点地心纬度大于等于入轨点地心纬度,且入轨点在上升段$\left(U_I < \dfrac{\pi}{2}\right)$,则对于入轨后第 1 次过境,$u_{T1} = \arcsin^{-1}\left(\dfrac{\sin\varphi_T}{\sin i}\right)$;tempRadian =

OnLimit2PiRadian(u_{T1})；

若 tempRadian < π 属于第 7 种情况，$\Delta u = u_{T1}$；$u_{Temp} = \pi - 2\Delta u$；否则属于第 8 种情况，第 8 种情况不存在；则入轨后第 2 次过境 $u_{T2} = u_{T1} + u_{Temp}$。

若 $\varphi_T < \varphi_I$，即目标点地心纬度小于入轨点地心纬度，则对于入轨后第 1 次过境，$u_{T1} = \pi - \arcsin\left(\frac{\sin\varphi_T}{\sin i}\right)$；tempRadian = OnLimit2PiRadian(u_{T1})；

若 tempRadian < π 属于第 9 种情况，$\Delta u = \arcsin\left(\frac{\sin\varphi_T}{\sin i}\right)$；$u_{Temp} = \pi + 2\Delta u$；否则属于第 10 种情况，$\Delta u = \arcsin\left(\frac{\sin\varphi_T}{\sin i}\right)$；$u_{Temp} = \pi + 2\Delta u$；则入轨后第 2 次过境 $u_{T2} = u_{T1} + u_{Temp}$。

第 10425 步：卫星运行轨道星下点过境目标纬度圈时刻地心经度计算：计算卫星运行轨道周期 t_Ω、升交点赤经导数 $\dot{\Omega}$ 和近地点辐角导数 $\dot{\omega}$ 和平近点角导数 $\dot{M}$；计算卫星入轨后 6 次过境目标纬度圈的时刻：

当为大椭圆轨道时，采用如下方式计算卫星入轨后 6 次过境目标纬度圈的时刻：根据入轨后第 1 次进入目标纬度圈时刻的真近点角 $Ff_1 = u_{T1} - u_I$ 先转为偏近点角 Ee_1，再转为平近点角 Mm_1；根据入轨后第 2 次进入目标纬度圈时刻的真近点角 $Ff_2 = u_{T2} - u_I$，先转为偏近点角 Ee_2，再转为平近点角 Mm_2；卫星入轨后 6 次过境目标纬度圈的时刻分别为 $t_1 \sim t_6$。

$$t_1 = t_I + Mm_1/\dot{M},\quad t_2 = t_I + Mm_2/\dot{M},\quad t_3 = t_1 + t_\Omega,$$
$$t_4 = t_2 + t_\Omega,\quad t_5 = t_1 + 2\,t_\Omega,\quad t_6 = t_2 + 2\,t_\Omega$$

当为小倾角圆轨道时，采用如下方式计算卫星入轨后 6 次过境目标纬度圈的时刻。

$$t_1 = t_I + \frac{u_{T1} - u_I}{n},\quad t_2 = t_I + \frac{u_{T2} - u_I}{n},\quad t_3 = t_1 + t_\Omega,$$
$$t_4 = t_2 + t_\Omega,\quad t_5 = t_1 + 2\,t_\Omega,\quad t_6 = t_2 + 2t_\Omega$$

调用大椭圆轨道卫星的星下点轨迹计算(OnComputeValueLonGCellipse) 计算入轨后星下点第 1 次和第 2 次过境目标纬度圈时地心经度 Lon_{T1} 和 Lon_{T2}；计算入轨后星下点第 3 次、第 4 次、第 5 次和第 6 次过境目标纬度圈时刻的地心经度，分别为 Lon_{T3}、Lon_{T4}、Lon_{T5} 以及 Lon_{T6}：

$$Lon_{T3} = \text{OnLimitPiRadian}(Lon_{T1} - t_{\Omega}(\omega_E - \dot{\Omega}))$$

$$Lon_{T4} = \text{OnLimitPiRadian}(Lon_{T2} - t_{\Omega}(\omega_E - \dot{\Omega}))$$

$$Lon_{T5} = \text{OnLimitPiRadian}(Lon_{T1} - 2\,t_{\Omega}(\omega_E - \dot{\Omega}))$$

$$Lon_{T6} = \text{OnLimitPiRadian}(Lon_{T2} - 2t_{\Omega}(\omega_E - \dot{\Omega}))$$

计算卫星星下点轨迹 6 次过境目标纬度圈时刻地心经度与目标地心经度的偏差。

第 10426 步:将计算结果和中间变量存放到 ***OrbitVector*** 数组中。

3.1.5 星下点轨迹计算

大椭圆轨道卫星的星下点轨迹计算 OnComputeValueLonGCellipse 如图 3－5 所示,包括如下步骤。

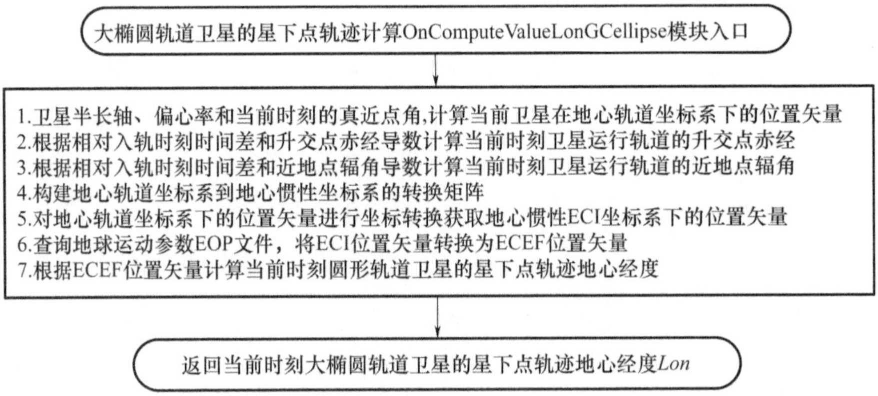

大椭圆轨道卫星的星下点轨迹计算OnComputeValueLonGCellipse模块入口
1.卫星半长轴、偏心率和当前时刻的真近点角,计算当前卫星在地心轨道坐标系下的位置矢量
2.根据相对入轨时刻时间差和升交点赤经导数计算当前时刻卫星运行轨道的升交点赤经
3.根据相对入轨时刻时间差和近地点辐角导数计算当前时刻卫星运行轨道的近地点辐角
4.构建地心轨道坐标系到地心惯性坐标系的转换矩阵
5.对地心轨道坐标系下的位置矢量进行坐标转换获取地心惯性ECI坐标系下的位置矢量
6.查询地球运动参数EOP文件，将ECI位置矢量转换为ECEF位置矢量
7.根据ECEF位置矢量计算当前时刻圆形轨道卫星的星下点轨迹地心经度
返回当前时刻大椭圆轨道卫星的星下点轨迹地心经度Lon

图 3－5　大椭圆轨道卫星星下点轨迹计算 OnComputeValueLonGCellipse 流程图

步骤 A1　卫星半长轴a_I、偏心率 e_I和当前时刻 t 的真近点角 F_t,计算当前卫星在地心轨道坐标系下的位置矢量。

当为大椭圆轨道时,有

$$\boldsymbol{r} = [\, r_t\cos F_t \quad r_t\sin F_t \quad 0\,]',$$

$$r_t = a_I(1 - e_I\cos E_t),$$

$$E_t = 2\arctan(\tan F_t\sqrt{(1 - e_I)/(1 + e_I)})$$

当为小倾角圆轨道时,有

$$\boldsymbol{r} = [\, a_I\cos u_T \quad a_I\sin u_T \quad 0\,]'$$

步骤 A2 根据相对入轨时刻时间差 Δt 和升交点赤经导数$\dot{\Omega}$计算当前时刻卫星运行轨道的升交点赤经 $\Omega=\Omega_I+\dot{\Omega}\Delta t$；其中$\Omega_I$为卫星入轨时刻的升交点赤经。

步骤 A3 根据相对入轨时刻时间差 Δt 和近地点辐角导数 $\dot{\omega}$ 计算当前时刻卫星运行轨道的近地点辐角 $\omega=\omega_I+\dot{\omega}\Delta t$；其中$\omega_I$为卫星入轨时刻的近地点辐角。

步骤 A4 构建地心轨道坐标系到地心惯性坐标系的转换矩阵：

$$\boldsymbol{T}_m=\begin{bmatrix}\cos\Omega\cos\omega-\sin\Omega\sin\omega\cos i & -\cos\Omega\sin\omega-\sin\Omega\cos\omega\cos i & \sin\Omega\sin i\\ \sin\Omega\cos\omega+\cos\Omega\sin\omega\cos i & -\sin\Omega\sin\omega+\cos\Omega\cos\omega\cos i & -\cos\Omega\sin i\\ \sin\omega\sin i & \cos\omega\sin i & \cos i\end{bmatrix}$$

其中 i 为轨道倾角。

步骤 A5 对地心轨道坐标系下的位置矢量进行坐标转换获取地心惯性坐标系（ECT）下的位置矢量$\boldsymbol{p}_{eci}$：

$$\boldsymbol{p}_{eci}=\boldsymbol{T}_m\times\boldsymbol{r}$$

步骤 A6 查询地球运动参数 EOP 文件，调用 ECI 转 ECEF OnConvertECItoECEF 将 ECI 位置矢量$\boldsymbol{p}_{eci}$转换为 ECEF 位置矢量$\boldsymbol{p}_{ecef}$。

步骤 A7 根据 ECEF 位置矢量$\boldsymbol{p}_{ecef}$计算当前时刻圆形轨道卫星的星下点轨迹地心经度 *Lon*。

步骤 A8 返回当前时刻大椭圆轨道卫星的星下点轨迹地心经度 *Lon*。

3.1.6 ECI 转 ECEF

步骤 A6 中的 ECI 转 ECEF（OnConvertECItoECEF），其流程如下。

步骤 A601 从 EOP 文件中读取当前时刻 t 的 6 个关键地球运动参数：

（TAI – UTC）差值时间 dat，单位为秒，其中 UTC 为当前时刻 t 的世界协调时，原子时 TAI = UTC + dat；

极移 X 分量x_p，单位为 rad；

极移 Y 分量y_p，单位为 rad；

（UTC1 – UTC）差值时间 dut，单位为秒，其中 UTC1 为消除了极移影响后得到的世界时；

赤经章动 $\Delta\Psi$ 修正量 $\delta\Delta\Psi$，单位为 rad；

交角章动 $\Delta\varepsilon$ 修正量 $\delta\Delta\varepsilon$，单位为 rad。

步骤 A602 计算当前时刻 t 的岁差转换矩阵 $\boldsymbol{P}(t)$：

$$P(t)=\begin{bmatrix}\cos\theta\cos z\cos\zeta-\sin z\sin\zeta & \sin z\cos\theta\cos\zeta+\sin\zeta\cos z & \sin\theta\cos\zeta\\ -\sin\zeta\cos\theta\cos z-\sin z\cos\zeta & -\sin z\sin\zeta\cos\theta+\cos z\cos\zeta & -\sin\theta\sin\zeta\\ -\sin\theta\cos z & -\sin\theta\sin z & \cos\theta\end{bmatrix}$$

式中:角度变量值ζ、θ和z为历元时刻T的平赤道面和平春分点相对于J2000平赤道和平春分点的3个角度值,其计算定义(公式中的角度单位为(°))如下:

$$\begin{cases}\zeta=(2306.2181T+0.30188T^2+0.017998T^3)/3600.0\\ \theta=(2004.3109T-0.42665T^2-0.041833T^3)/3600.0\\ z=(2306.2181T+1.09468T^2+0.018203T^3)/3600.0\end{cases}$$

定义历元时刻T指的是地球时从J2000的TT时刻起算的儒略世纪数,$T=(JD_{TT}-2451545.0)/36525.0$;其中地球时TT = TAI + 32.184,其对应的儒略日时间为JD_{TT}。

步骤A603　计算当前时刻t的章动转换矩阵$\boldsymbol{N}(t)$:

$$N(t)=\begin{bmatrix}\cos\Delta\Psi & \sin\Delta\Psi\cos\varepsilon & \sin\varepsilon\sin\Delta\Psi\\ -\sin\Delta\Psi\cos\bar{\varepsilon} & \cos\varepsilon\cos\Delta\Psi\cos\bar{\varepsilon}+\sin\varepsilon\sin\bar{\varepsilon} & \sin\varepsilon\cos\Delta\Psi\cos\bar{\varepsilon}-\sin\bar{\varepsilon}\cos\varepsilon\\ -\sin\Delta\Psi\sin\bar{\varepsilon} & \sin\bar{\varepsilon}\cos\varepsilon\cos\Delta\Psi-\sin\varepsilon\cos\bar{\varepsilon} & \sin\varepsilon\sin\bar{\varepsilon}\cos\Delta\Psi+\cos\varepsilon\cos\bar{\varepsilon}\end{bmatrix}$$

其中

$$\Delta\Psi=\mathrm{OnLimit2PiRadian}\left(\sum_{i=1}^{106}(A_i+B_iT)\sin\varphi_i+\delta\Delta\Psi\right)$$

$$\Delta\varepsilon=\mathrm{OnLimit2PiRadian}\left(\sum_{i=1}^{106}(C_i+D_iT)\cos\varphi_i+\delta\Delta\varepsilon\right)$$

式中:章动角分量ϕ_i和系数A_i,B_i,C_i,D_i根据IAU1980章动数据表进行计算。

历元T时刻平黄赤交角为

$\bar{\varepsilon}=(-46.8150T-0.00059T^2+0.001813T^3+84381.448)/3600.0$

历元T时刻真黄赤交角$\varepsilon=\bar{\varepsilon}+\Delta\varepsilon$。

步骤A604　计算当前时刻t的地球自转转换矩阵$\boldsymbol{R}(t)$:

$$R(t)=\begin{bmatrix}\cos\theta_{\mathrm{GAST}} & -\sin\theta_{\mathrm{GAST}} & 0\\ \sin\theta_{\mathrm{GAST}} & \cos\theta_{\mathrm{GAST}} & 0\\ 0 & 0 & 1\end{bmatrix}$$

式中:格林尼治真恒星时$\theta_{\mathrm{GAST}}=\theta_{\mathrm{GMST}}+\Delta\Psi\cos(\bar{\varepsilon})$,其中$\theta_{\mathrm{GMST}}=\mathrm{GMST}(JD_{\mathrm{UT1}})$为当前世界时UTC1时刻儒略日时间的格林尼治平恒星时。

步骤A605　计算当前时刻t的极移转换矩阵$\boldsymbol{W}(t)$:

$$\boldsymbol{W}(t)=\begin{bmatrix}\cos x_p & 0 & -\sin x_p\\ \sin x_p\sin y_p & \cos y_p & \cos x_p\sin y_p\\ \sin x_p\cos y_p & -\sin y_p & \cos x_p\cos y_p\end{bmatrix}$$

式中:极移分量x_p和y_p从 EOP 数据中获取。

步骤 A606 t 时刻 ECI 下的坐标矢量$\boldsymbol{r}_{\mathrm{ECI}}$转化为 ECEF 下的坐标矢量$\boldsymbol{r}_{\mathrm{ECEF}}$:

$$\boldsymbol{r}_{\mathrm{ECEF}}=[\boldsymbol{W}(t)'][\boldsymbol{R}(t)'][\boldsymbol{N}(t)'][\boldsymbol{P}(t)']\boldsymbol{r}_{\mathrm{ECI}}$$

步骤 A607 返回 ECEF 下的坐标矢量$\boldsymbol{r}_{\mathrm{ECEF}}$。

3.2 太阳同步圆轨道规划模型

3.2.1 轨道规划求解模型

对于任意给定的发射点,以发射点为中心,以经纬度线为坐标轴构建 4 个象限。对于太阳同步圆轨道只能在象限 1 和象限 2 这两个象限内根据输入的卫星轨道高度上、下限计算选取一定的角度范围作为卫星轨道倾角的遍历范围。由于太阳同步圆轨道的升交点赤经导数为 0.985612288(°)/天,轨道半长轴与轨道倾角必须满足如下条件:

$$\dot{\Omega}=-1.5n\,J_2\left(\frac{R_{\mathrm{E}}}{a_{\mathrm{I}}(1-e_{\mathrm{I}}^2)}\right)^2\cos i\left(1-0.25\,J_2\left(\frac{R_{\mathrm{E}}}{a_{\mathrm{I}}(1-e_{\mathrm{I}}^2)}\right)^2(4-19\cos^2 i)\right)$$

$$=\frac{0.985612288\pi}{180.0\times86400}$$

式中:a_{I}为轨道半长轴;i 为轨道倾角;R_{E}为地球平均半径;ω_{E}为地球自转速度;n 为卫星平均角速度。

太阳同步圆轨道设计中,本方法对于两种发射入轨模式遍历范围内的每个卫星轨道,计算卫星入轨后 16 次星下点过境目标纬度圈时刻的地心地固坐标系(ECEF)下大地经度值。

目前,卫星运行轨道为圆形轨道,选取卫星轨道升交点与轨道近地点重合,则运行轨道的近地点辐角$\omega_{\mathrm{I}}=0$。根据J_2摄动条件下的卫星圆形运行轨道方程,可以计算出t_1、t_2到t_{16}时刻 16 次卫星星下点过境目标纬度圈时刻在 ECEF 下的大地经度 $Lon_{\mathrm{T}(1)}$、$Lon_{\mathrm{T}(2)}$ 到 $Lon_{\mathrm{T}(16)}$。

3.2.2 轨道设计

太阳同步圆轨道设计(OnComputeSunOrbit)流程如图3-6所示,包括如下。

第1步:太阳同步圆轨道具有两种入轨模式,即逆行下降和逆行上升两种入轨模式;根据轨道半长轴的上、下限,调用OnComputeSunOrbitAngle计算获得逆行上升和逆行下降的轨道倾角搜索范围[domainDegreeLower$W$,domainDegreeUpper$W$]。

如果卫星载荷类型为CCD光学设备,那么以发射部署完成时刻为起点,计算目标点区域24h内太阳高度角满足阈值要求的UTC时间观测窗口为[*m*_SunStartTime,*m*_SunEndTime]。

该轨道设计针对逆行上升和逆行下降轨道的倾角搜索范围内所有卫星轨道,计算卫星轨道星下点轨迹16次过境目标纬度圈时星下点的经度分布,并且选取满足观测要求的最优轨道。设定初始状态为:MO为入轨模式,MO的取值为1或2,分别指代逆行下降和逆行上升两种入轨模式,MO初始值设定为1;j为过境次数,j的初值设定为1;BackupOrbitNum为轨道方案个数,BackupOrbitNum的初始值设定为0。

第2步:判断j的值是否满足$j \leqslant 16$,若是则进入第3步,否则进入第11步。

第3步:判断MO的值是否满足$MO \leqslant 2$;若是则进入第4步,否则将MO重新设定为1,j自增1,返回第2步。

第4步:对于第MO种入轨模式轨道倾角遍历范围内所有卫星轨道,计算第j次过境目标纬度圈时星下点经度分布,选取轨道倾角遍历范围内过境时刻星下点经度与目标点经度偏差值最小的轨道。

第5步:判断第4步中所选取的偏差值最小的轨道对应的偏差值是否满足预设的指标要求,若是则进入第6步,否则MO自增1,返回第3步。

第6步:判断当前卫星载荷类型是否为CCD光学设备,若是则进入第7步,否则进入第10步。

第7步:判断当前轨道卫星过境目标点时刻是否在CCD光学设备的UTC时间观测窗口内,若是则进入第10步,否则进入第8步。

第8步:计算发射延时,对于当前入轨模式轨道倾角遍历范围内的所有卫星轨道,计算当前第j次过境目标纬度圈时星下点经度分布,选取遍历范围内过境时刻星下点经度与目标点经度偏差值最小的轨道。

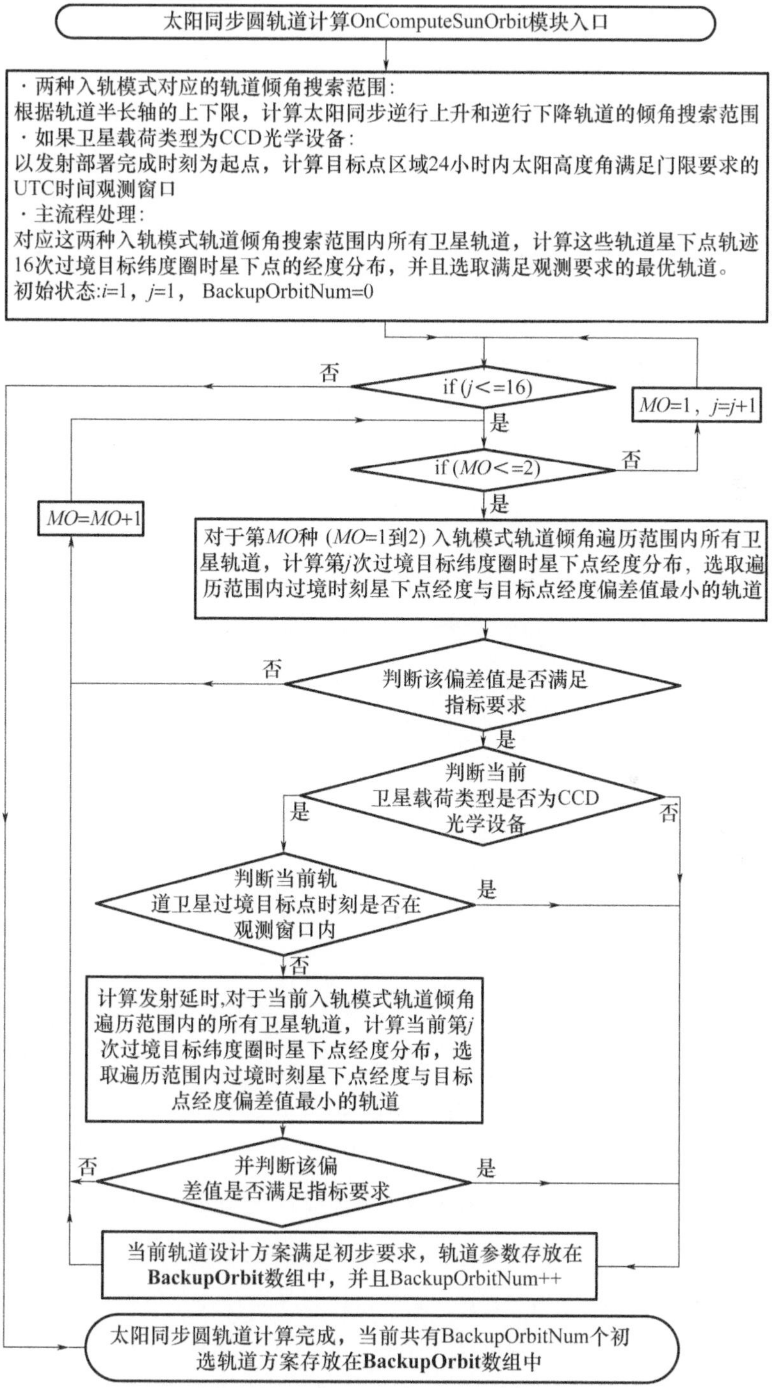

图 3-6　太阳同步圆轨道计算 OnComputeSunOrbit 的流程图

第 9 步:判断第 8 步中所选取的偏差值最小的轨道是否满足预设的指标要求,若是则进入第 10 步,否则返回第 3 步。

第 10 步:当前第 BackupOrbitNum 个轨道规划方案满足初步要求,将当前第 BackupOrbitNum 个轨道规划方案存入 **BackupOrbit** 数组中,并且 BackupOrbitNum 自增 1。

第 11 步:太阳同步圆轨道规划完成,将当前对应的共 BackupOrbitNum 个轨道方案存入预先构建的 **BackupOrbit** 数组中。

3.2.3 轨道倾角计算

太阳同步圆轨道倾角计算(OnComputeSunOrbitAngle)的流程如图 3-7 所示如下。

第 1101 步:设置太阳同步圆轨道倾角上限 angle$U$ = 120° 和下限 angle$L$ = 96°。

根据当前的输入参数轨道半长轴 aa 和轨道倾角上、下限,调用太阳同步圆轨道升交点赤经导数偏差计算 OnComputeOmegaDotSunOrbit 分别计算当前轨道升交点赤经导数与太阳同步轨道标准升交点赤经导数的差值 tempValue$U$ 和 tempValue$L$。

第 1102 步:判断(tempValue$L$ × tempValue$U$) > 0.0 是否成立,若是则返回无效值,否则进入第 1103 步。

第 1103 步:轨道半长轴迭代计算初始化:迭代次数 index = 0,差值 tempValue$L$ 和 tempValue$U$。

第 1104 步:判断 index < 30 是否成立,若是则进入第 1105 步,否则返回angle$M$。

第 1105 步:轨道倾角迭代计算主体部分为

计算轨道倾角中间值 angle$M$ = (angle$U$ + angle$L$)/2.0

根据当前输入参数轨道半长轴 aa 和轨道倾角中间值 angle$M$,调用太阳同步圆轨道升交点赤经导数偏差计算(OnComputeOmegaDotSunOrbit)分别计算当前轨道升交点赤经导数与太阳同步轨道标准升交点赤经导数的差值 tempValue。

index 自增 1。

第 1106 步:判断(tempValue × tempValue$L$) > 0.0 是否成立,若是则令

tempValue$L$ = tempValue, angle$L$ = angle$M$, 否则, 令 tempValue$U$ = tempValue, angle$U$ = angle$M$。

返回第 1104 步。

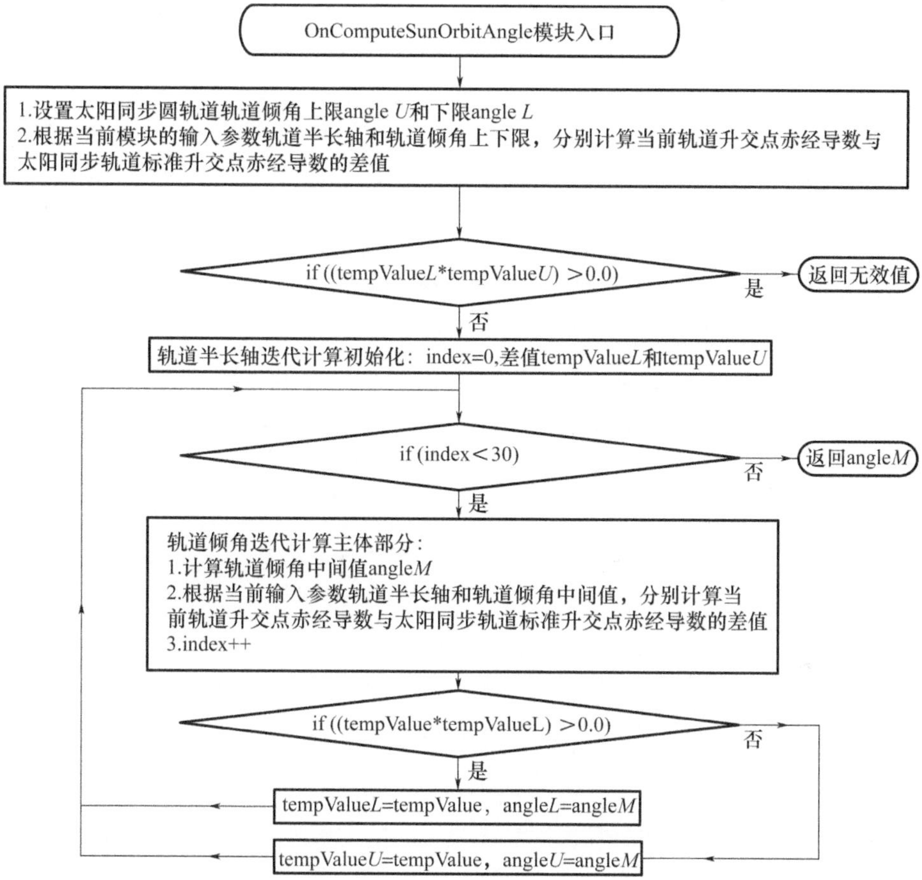

图 3 – 7　根据轨道半长轴计算太阳同步圆轨道倾角 OnComputeSunOrbitAngle 流程图

3.2.4　地心经度分布计算

遍历范围内太阳同步圆轨道星下点过境目标纬度圈地心经度分布计算(OnComputeOrbitMinValueSunOrbit)的流程如图 3 – 8 所示,包括如下步骤:

第 101 步:启动遍历范围内太阳同步圆轨道星下点过境目标纬度圈地心经度分布计算 OnComputeOrbitMinValueSunOrbit。

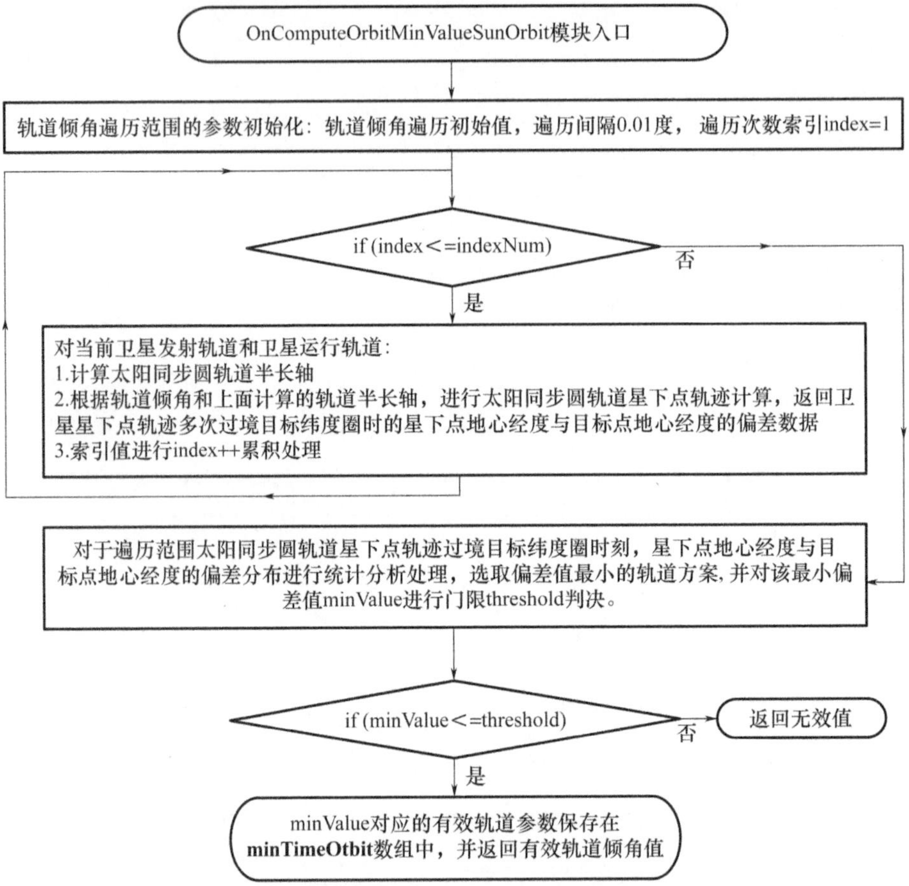

图 3－8　遍历范围内太阳同步圆轨道星下点过境目标纬度圈地心经度分布计算（OnComputeOrbitMinValueSunOrbit）的流程图

第 102 步：轨道倾角遍历范围的参数初始化：轨道倾角遍历初始值 domainDegreeLower，遍历间隔 0.01°，遍历次数 indexNum，索引 index = 1。

第 103 步：判断是否满足 index ≤ indexNum；若是则进入第 104 步；否则进入第 105 步。

第 104 步：对当前轨道倾角为 IiAngleDegree = domainDegreeLower + 0.01 × (index − 1) 的卫星发射轨道和卫星运行轨道，按照第 1041 步 ~ 第 1043 步计算之后进入第 105 步。

第 1041 步：调用太阳同步圆轨道半长轴迭代计算（OnComputeSunOrbitAa）

计算对应当前轨道倾角 IiAngleDegree 的太阳同步圆轨道半长轴。

第1042步：根据当前轨道倾角 IiAngleDegree 和太阳同步圆轨道半长轴，调用太阳同步圆轨道卫星的发射轨道和运行轨道计算 OnComputeOrbitValueSunOrbit 进行太阳同步圆轨道星下点轨迹计算，得到卫星星下点轨迹多次过境目标纬度圈时的星下点地心经度与目标点地心经度的偏差数据。

第1043步：对索引值 index 自增1，返回第103步。

第105步：对于遍历范围内 indexNum 条太阳同步圆轨道星下点轨迹第 j 次（$j=1\sim16$，为输入参数）过境目标纬度圈时刻的星下点地心经度与目标点地心经度的偏差分布进行统计分析处理，选取偏差值最小的轨道方案，最小偏差值为 minValue。

第106步：对最小偏差值 minValue 进行阈值 threshold 判决，若 minValue ≤ threshold，则进入第107步；否则返回无效值。

第107步：minValue 对应的轨道方案保存在 minTimeOrbit 数组中，并返回有效轨道倾角值。

3.2.5　发射与运行轨道计算

在第1042步中，太阳同步圆轨道卫星的发射轨道和运行轨道计算（OnComputeOrbitValueSunOrbit）流程如下。

第10421步：卫星发射轨道参数初始化计算部分：发射点地心经纬度为（λ_L，φ_L）、发射轨道地心角 β_L 和发射轨道倾角 i 为输入参数；发射时刻卫星在发射轨道上真近点角 flradian 和入轨时刻卫星在发射轨道上真近点角 flradian 的计算；发射轨道偏心率 e_L、发射轨道半通径 p 和发射轨道半长轴 a_L 的计算；发射点偏近点角 ELangleRadian 和发射点平近点角 MLangleRadian 的计算；根据上述参数计算卫星入轨时刻 t_I（相对于发射准备完成时刻）；发射时刻 GMST（瞬时平春分点和格林尼治子午圈之间的夹角）格林尼治平恒星时 G_L 的计算；发射时刻发射点在 ECI 中赤经为：$\alpha_L = \text{OnLimitPiRadian}(G_L+\lambda_L)$，其中角度约束函数 OnLimitPiRadian(x)将角度 x 约束到[$-\pi$，π)范围内。

第10422步：若为下降入轨模式，发射时刻卫星纬度辐角计算如下：

$u_L = \pi - \arcsin(\sin\varphi_L/\sin i)$

轨道升交点赤经：

$\Omega=\text{OnLimit2PiRadian}(\alpha_L-\arctan(\tan u_L\times\cos i)+\pi)$

若为上升入轨模式，发射时刻卫星纬度辐角计算如下：

$u_L=\pi-\arcsin(\sin\varphi_L/\sin i)$

轨道升交点赤经：

$\Omega=\text{OnLimit2PiRadian}(\alpha_L-\arctan(\tan u_L\times\cos i)+0)$。

第10423步：卫星运行轨道参数初始化部分：入轨时刻卫星纬度辐角$u_I=u_L+\beta_L$，目标点地心经纬度(λ_T,φ_T)，卫星平均角速度n，地球自转转速ω_E；入轨点地心纬度为$\varphi_I=\arcsin(\sin u_I\sin i)$。

第10424步：若为下降入轨模式，则分如下4种情况计算卫星入轨后第1次和第2次过境目标纬度圈的卫星纬度辐角值u_{T1}和u_{T2}；目标点地心纬度为φ_T，入轨点地心纬度为φ_I。

第1种情况：目标点在北半球，目标点地心纬度小于等于入轨点地心纬度。

第2种情况：目标点在南半球，目标点地心纬度小于等于入轨点地心纬度。

第3种情况：目标点在北半球，目标点地心纬度大于入轨点地心纬度。

第4种情况：目标点在南半球，目标点地心纬度大于入轨点地心纬度。

若$\varphi_T\leqslant\varphi_I$，即目标点地心纬度小于等于入轨点地心纬度，则对于入轨后第1次过境，$u_{T1}=\pi-\arcsin\left(\frac{\sin\varphi_T}{\sin i}\right)$；包括第1种和第2种情况，若$\text{OnLimit2PiRadian}(u_{T1})<\pi$，则属于第1种情况，第一中间变量为$\Delta u=\pi-u_{T1}$和第二中间变量为$u_{\text{Temp}}=\pi+2\Delta u$；否则属于第2种情况：$\Delta u=u_{T1}-\pi$；$u_{\text{Temp}}=\pi-2\Delta u$；则入轨后第2次过境$u_{T2}=u_{T1}+u_{\text{Temp}}$。

若$\varphi_T>\varphi_I$，即目标点地心纬度大于入轨点地心纬度，则对于入轨后第1次过境，$u_{T1}=2\pi+\arcsin\left(\frac{\sin\varphi_T}{\sin i}\right)$；包括第3种情况和第4种情况。

若$\text{OnLimit2PiRadian}(u_{T1})<\pi$，则属第3种情况：以tempRadian指代OnLimit2PiRadian(u_{T1})，$\Delta u=\text{tempRadian}$；$u_{\text{Temp}}=\pi-2\Delta u$；否则属于第4种情况：$\Delta u=\text{fabs}(\text{tempRadian}-2\pi)$；$u_{\text{Temp}}=\pi+2\Delta u$；则入轨后第2次过境$u_{T2}=u_{T1}+u_{\text{Temp}}$。

若为上升入轨模式，分以下6种情况计算卫星入轨后第1次和第2次过境目标纬度圈的卫星纬度辐角值u_{T1}和u_{T2}。

第5种情况：目标点在北半球，目标点纬度大于入轨点纬度，入轨点在下降段。

第6种情况：目标点在南半球，目标点纬度大于入轨点纬度，入轨点在下降段。

第7种情况：目标点在北半球，目标点纬度大于入轨点纬度，入轨点在上升段。

第8种情况：目标点在南半球，目标点纬度大于入轨点纬度，入轨点在上升段。

第9种情况：目标点在北半球，目标点纬度小于入轨点纬度。

第10种情况：目标点在南半球，目标点纬度小于入轨点纬度。

若$\varphi_T \geqslant \varphi_I$，即目标点地心纬度大于等于入轨点地心纬度，且入轨点在下降段（$U_I \geqslant \frac{\pi}{2}$），则对于入轨后第1次过境，$u_{T1} = 2\pi + \arcsin\left(\frac{\sin \varphi_T}{\sin i}\right)$；tempRadian = OnLimit2PiRadian(u_{T1})；

若 tempRadian < π 属于第5种情况，Δu = tempRadian；$u_{Temp} = \pi - 2\Delta u$；否则属于第6种情况，则 Δu = fabs(tempRadian − 2π)；$u_{Temp} = \pi + 2\Delta u$；

若$\varphi_T \geqslant \varphi_I$，即目标点地心纬度大于等于入轨点地心纬度，且入轨点在上升段$\left(U_I < \frac{\pi}{2}\right)$，则对于入轨后第1次过境，$u_{T1} = \arcsin\left(\frac{\sin \varphi_T}{\sin i}\right)$；tempRadian = OnLimit2PiRadian(u_{T1})；

若 tempRadian < π 属于第7种情况，$\Delta u = u_{T1}$；$u_{Temp} = \pi - 2\Delta u$；否则属于第8种情况，第8种情况不存在；则入轨后第2次过境$u_{T2} = u_{T1} + u_{Temp}$；

若$\varphi_T < \varphi_I$，即目标点地心纬度小于入轨点地心纬度，则对于入轨后第1次过境，$u_{T1} = \pi - \arcsin\left(\frac{\sin \varphi_T}{\sin i}\right)$；tempRadian = OnLimit2PiRadian(u_{T1})；

若 tempRadian < π（目标点在北半球）属于第9种情况，$\Delta u = \arcsin\left(\frac{\sin \varphi_T}{\sin i}\right)$；$u_{Temp} = \pi + 2\Delta u$；否则属于第10种情况，$\Delta u = \arcsin\left(\frac{\sin \varphi_T}{\sin i}\right)$；$u_{Temp} = \pi + 2\Delta u$；则入轨后第2次过境$u_{T2} = u_{T1} + u_{Temp}$。

第10425步：卫星运行轨道星下点过境目标纬度圈时刻地心经度计算：计算卫星运行轨道周期t_Ω、升交点赤经导数$\dot{\Omega}$和近地点辐角导数$\dot{\omega}_I$；计算卫星入轨后

16 次过境目标纬度圈的时刻：$t_1 = (u_{T1} - u_I)/n$，$t_2 = (u_{T2} - u_I)/n$，$t_{2m+1} = t_1 + m\,t_\Omega$，$t_{2m+2} = t_2 + m\,t_\Omega (m = 1,2,\cdots,7)$；调用圆形轨道卫星的星下点轨迹计算（OnComputeValueLonGCcircle）计算入轨后第 1 次和第 2 次过境目标纬度圈时星下点地心经度 $Lon_{T(1)}$ 和 $Lon_{T(2)}$；计算入轨后第 3 次到第 16 次卫星星下点轨迹过境目标纬度圈时刻的地心经度：

$$Lon_{T(2m+1)} = \text{OnLimitPiRadian}(Lon_{T(1)} - m\,t_\Omega(\omega_E - \dot{\Omega}))\,, m = 1,2,\cdots,7$$

$$Lon_{T(2m+2)} = \text{OnLimitPiRadian}(Lon_{T(2)} - m\,t_\Omega(\omega_E - \dot{\Omega}))\,, m = 1,2,\cdots,7$$

计算卫星星下点轨迹 16 次过境目标纬度圈时刻地心经度与目标地心经度的偏差。

第 10426 步：将计算结果和中间变量存放到 **OrbitVector** 数组中。

3.2.6 星下点轨迹计算

圆形轨道卫星的星下点轨迹计算 OnComputeValueLonGCcircle 流程如下。

步骤 A1　卫星半长轴a_I和当前时刻纬度辐角u_T，卫星在地心轨道坐标系下的位置矢量 $\boldsymbol{r} = [a_I\cos(u_T) \quad a_I\sin u_T \quad 0]'$。

步骤 A2　根据相对入轨时刻时间差 Δt 和升交点赤经导数$\dot{\Omega}$计算当前时刻卫星运行轨道的升交点赤经 $\Omega = \Omega_I + \dot{\Omega}\Delta t$；其中$\Omega_I$为卫星入轨时刻的升交点赤经。

步骤 A3　根据相对入轨时刻时间差 Δt 和近地点辐角导数 $\dot{\omega}$ 计算当前时刻卫星运行轨道的近地点辐角 $\omega = \omega_I + \dot{\omega}\Delta t$；其中$\omega_I$为卫星入轨时刻的近地点辐角。

步骤 A4　构建地心轨道坐标系到地心惯性坐标系的转换矩阵，其中 i 为轨道倾角：

$$\boldsymbol{T}_m = \begin{bmatrix} \cos\Omega\cos\omega - \sin\Omega\sin\omega\cos i & -\cos\Omega\sin\omega - \sin\Omega\cos\omega\cos i & \sin\Omega\sin i \\ \sin\Omega\cos\omega + \cos\Omega\sin\omega\cos i & -\sin\Omega\sin\omega + \cos\Omega\cos\omega\cos i & -\cos\Omega\sin i \\ \sin\omega\sin i & \cos\omega\sin i & \cos i \end{bmatrix}$$

步骤 A5　对地心轨道坐标系下的位置矢量进行坐标转换获取 ECI 下的位置矢量$\boldsymbol{p}_{ECI}$：

$$\boldsymbol{p}_{ECI} = \boldsymbol{T}_m \times \boldsymbol{r}$$

步骤 A6　查询地球运动参数 EOP 文件，调用 ECI 转 ECEF（OnConvertECIto-

ECEF)将 ECI 位置矢量$\boldsymbol{p}_{ECI}$转换为 ECEF 位置矢量$\boldsymbol{p}_{ECEF}$。

步骤 A7 根据 ECEF 位置矢量$\boldsymbol{p}_{ECEF}$计算当前时刻圆形轨道卫星的星下点轨迹地心经度 *Lon*。

3.2.7 半长轴迭代计算

太阳同步圆轨道半长轴迭代计算(OnComputeSunOrbitAa)流程如下。

第 10411 步:根据从界面输入的轨道入轨点高度上限和下限分别计算太阳同步圆轨道半长轴上限 aU 和下限 aL;根据当前的输入参数轨道倾角 iiAngleDegreeTemp和轨道半长轴上下限,调用太阳同步圆轨道升交点赤经导数偏差计算(OnComputeOmegaDotSunOrbit)分别计算当前轨道升交点赤经导数与太阳同步轨道标准升交点赤经导数的差值 tempValue$U$ 和 tempValue$L$。

第 10412 步:判断若(tempValue$L$ × tempValue$U$) >0.0,则输出无效值,否则进入第 10413 步。

第 10413 步:轨道半长轴迭代计算初始化:index =0,差值 tempValue$L$ 和 tempValue$U$。

第 10414 步:判断 index <30 是否成立,若是进入第 10415 步,否则输出轨道半长轴中间值 aM。

第 10415 步:进行轨道半长轴迭代计算:首先计算轨道半长轴中间值 $aM = (aU + aL)/2.0$;然后根据当前轨道倾角 iiAngleDegreeTemp 和轨道半长轴中间值 aM,调用太阳同步圆轨道升交点赤经导数偏差计算 OnComputeOmegaDotSunOrbit 计算当前轨道升交点赤经导数与太阳同步轨道标准升交点赤经导数的差值tempValue;index 自增 1。

第 10416 步:判断(tempValue × tempValue$L$) > 0.0 是否成立,若是则令 tempValue$L$ = tempValue;同时令 $aL = aM$,否则令 tempValue$U$ = tempValue,同时令 $aU = aM$;返回第 10414 步。

3.2.8 升交点赤经导数偏差计算

太阳同步圆轨道升交点赤经导数偏差计算(OnComputeOmegaDotSunOrbit)流程图如图 3 -9 所示,具体为如下。

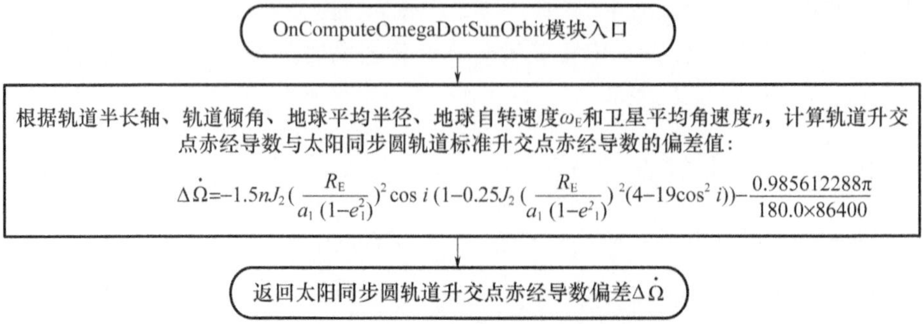
OnComputeOmegaDotSunOrbit模块入口
根据轨道半长轴、轨道倾角、地球平均半径、地球自转速度ω_E和卫星平均角速度n，计算轨道升交点赤经导数与太阳同步圆轨道标准升交点赤经导数的偏差值：
$\Delta\dot{\Omega}=-1.5nJ_2(\frac{R_E}{a_I(1-e_I^2)})^2\cos i(1-0.25J_2(\frac{R_E}{a_I(1-e_I^2)})^2(4-19\cos^2 i))-\frac{0.985612288\pi}{180.0\times 86400}$
返回太阳同步圆轨道升交点赤经导数偏差$\Delta\dot{\Omega}$

图 3-9　太阳同步圆轨道升交点赤经导数偏差计算 OnComputeOmegaDotSunOrbit 流程图

根据轨道半长轴a_I、轨道倾角 i、地球平均半径R_E、地球自转速度ω_E和卫星平均角速度 n，计算当前轨道升交点赤经导数与太阳同步圆轨道标准升交点赤经导数的偏差值：

$$\Delta\dot{\Omega}=-1.5nJ_2\left(\frac{R_E}{a_I(1-e_I^2)}\right)^2\cos i\left(1-0.25J_2\left(\frac{R_E}{a_I(1-e_I^2)}\right)^2(4-19\cos^2 i)\right)-\frac{0.985612288\pi}{180.0\times 86400}$$

3.3　太阳同步圆回归轨道规划模型

3.3.1　轨道规划求解模型

圆形轨道回归系数f_A的计算如下：

$$f_A=\frac{n[16a_I^4-24J_2(a_IR_E)^2(1-4\cos^2 i)+3J_2^2R_E^{\ 4}(5-48\cos^2 i+133\cos^4 i)]}{16a_I^4\omega_E+6J_2R_E^2n\cos i[4a_I^2-J_2R_E^2(4-19\cos^2 i)]}$$

太阳同步圆轨道的升交点赤经导数约束为

$$\dot{\Omega}=-1.5nJ_2\left(\frac{R_E}{a_I(1-e_I^2)}\right)^2\cos i\left(1-0.25J_2\left(\frac{R_E}{a_I(1-e_I^2)}\right)^2(4-19\cos^2 i)\right)=\frac{0.985612288\pi}{180.0\times 86400}$$

式中：a_I为轨道半长轴；i 为轨道倾角；R_E 为地球平均半径；ω_E 为地球自转速度；n 为卫星平均角速度。

太阳同步圆回归轨道设计中，对于两种发射入轨模式遍历范围内的每个卫星轨道，计算卫星入轨后 16 次卫星星下点过境目标纬度圈时刻的 ECEF 下大地经度值。当前卫星运行轨道为圆形轨道，选取卫星轨道升交点与轨道近地点重合，则运行轨道的近地点辐角$\omega_I=0$。根据J_2摄动条件下的卫星圆形运行轨道方程，可以计算出t_1、t_2到t_{16}时刻 16 次卫星星下点过境目标纬度圈时刻在 ECEF 下的大地经度 $Lon_{T(1)}$、$Lon_{T(2)}$ 到 $Lon_{T(16)}$。

3.3.2　轨道设计

太阳同步圆回归轨道计算 OnComputeSunRepeatOrbit 流程如下。

第 1 步：太阳同步圆回归轨道具有逆行下降和逆行上升两种入轨模式；根据轨道半长轴的上、下限，获得逆行上升和逆行下降的轨道倾角搜索范围。

如果卫星载荷类型为 CCD 光学设备，那么以发射部署完成时刻为起点，计算目标点区域 24h 内太阳高度角满足阈值要求的 UTC 时间观测窗口。

该轨道规划方法针对逆行上升和逆行下降轨道倾角搜索范围内所有卫星轨道，计算卫星轨道星下点轨迹 16 次过境目标纬度圈时星下点的经度分布，并且选取满足观测要求的最优轨道。设定初始状态：MO 为入轨模式，MO 的取值为 1 或 2，分别指代逆行下降和逆行上升两种入轨模式，MO 初始值设定为 1；j 为过境次数，j 的初始值设定为 1；BackupOrbitNum 为轨道方案个数，BackupOrbitNum 的初始值设定为 0。

第 2 步：判断 j 的值是否满足 $j\leqslant16$，若是则进入第 3 步，否则进入第 11 步。

第 3 步：判断 MO 的值是否满足 $MO\leqslant2$；若是则进入第 4 步，否则将 MO 重新设定为 1，j 自增 1，返回第 2 步。

第 4 步：对于第 MO 种入轨模式轨道倾角遍历范围内所有卫星轨道，调用太阳同步圆回归轨道卫星的发射轨道和运行轨道迭代计算（OnIterativeSunCompute）计算第 j 次过境目标纬度圈时星下点经度分布，选取轨道倾角遍历范围内过境时刻星下点经度与目标点经度偏差值最小的轨道。

第 5 步：判断第 4 步中所选取的偏差值最小的轨道对应的偏差值是否满足预设的指标要求，若是则进入第 6 步，否则 MO 自增 1，返回第 3 步。

第 6 步:判断当前卫星载荷类型是否为 CCD 光学设备,若是则进入第 7 步,否则进入第 10 步。

第 7 步:判断当前轨道卫星过境目标点时刻是否在 CCD 光学设备的 UTC 时间观测窗口内,若是则进入第 10 步,否则进入第 8 步。

第 8 步:计算发射延时,对于当前入轨模式轨道倾角遍历范围内的所有卫星轨道,调用太阳同步圆回归轨道卫星的发射轨道和运行轨道迭代计算(OnIterativeSunCompute)计算当前第 j 次过境目标纬度圈时星下点经度分布,选取遍历范围内过境时刻星下点经度与目标点经度偏差值最小的轨道。

第 9 步:判断第 8 步中所选取的偏差值最小的轨道是否满足预设的指标要求,若是则进入第 10 步,否则返回第 3 步。

第 10 步:当前第 BackupOrbitNum 个轨道规划方案满足初步要求,将当前第 BackupOrbitNum 个轨道规划方案存入 **BackupOrbit** 数组中,并且 BackupOrbitNum 自增 1。

第 11 步:太阳同步圆轨道规划完成,将当前对应的共 BackupOrbitNum 个轨道方案存入预先构建的 **BackupOrbit** 数组中。

3.3.3 发射与运行轨道迭代计算

太阳同步圆回归轨道卫星的发射轨道和运行轨道迭代计算(OnIterativeSunCompute)流程如图 3-10 所示。

第 201 步:根据界面输入的轨道高度上、下限和轨道回归系数,调用太阳同步圆回归轨道半长轴迭代计算函数(OnComputeAa)计算判断当前输入的轨道高度上下限和轨道回归系数是否有效,如果无效,则返回值 Flag = false; 如果有效,则返回值 Flag = true,根据轨道回归系数迭代计算轨道半长轴和轨道倾角,结果保存在 **SunOrbit** 数组中。

第 202 步:判断返回值 Flag 是否有效,若是则进入第 203 步,否则输出 false。

第 203 步:根据 **SunOrbit** 数组中保存的轨道半长轴和轨道倾角,以及指定的发射区域中心位置参数,调用发射点位置遍历选取进行太阳同步圆回归轨道设计(OnComputeOrbitMinValueSunRepeatOrbit),在发射区域中心位置附近遍历选取发射点位置,计算对应不同发射点位置太阳同步圆回归轨道星下点轨迹第 j 次(j = 1 ~ 16,为输入参数)过境目标纬度圈时的星下点地心经度与目标点地心经度的偏差分布,选取偏差值最小的轨道设计进行阈值判决,并返回有效轨道设计的轨道倾角 IiAngle。

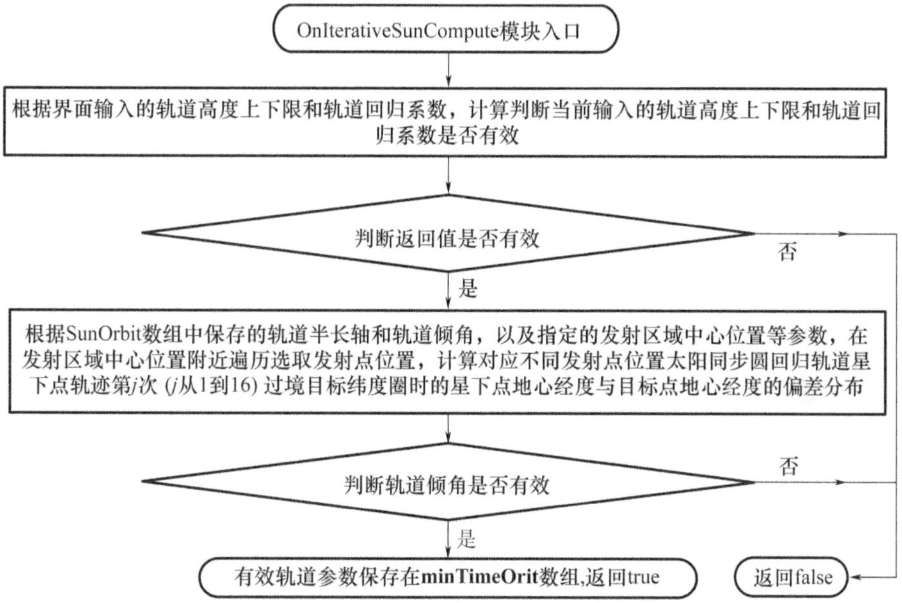

图 3 - 10　太阳同步圆回归轨道卫星的发射轨道和运行轨道迭代计算 OnIterativeSunCompute 的流程图

3.3.4　发射点位置遍历选取轨道设计

发射点位置遍历选取进行太阳同步圆回归轨道计算 OnComputeOrbitMinValueSunRepeatOrbit 流程如图 3 - 11 所示,具体包括如下步骤。

第 301 步:太阳同步圆回归轨道设计循环计算初始化:从 **SunOrbit** 数组中读取当前的轨道半长轴 *aa* 和轨道倾角 IiAngleDegree;设定当前轨道索引 SunOrbitInitialNum的初值为 0;在发射区域中心位置附近均匀遍历选取发射点位置。

第 302 步:调用太阳同步圆轨道卫星的发射轨道和运行轨道计算 OnComputeOrbitValueSunOrbit,计算对应不同发射点位置太阳同步圆回归轨道卫星入轨后星下点 16 次过境目标纬度圈时星下点地心经度与目标点地心经度的偏差分布;当前轨道索引 SunOrbitInitialNum 自增 1。

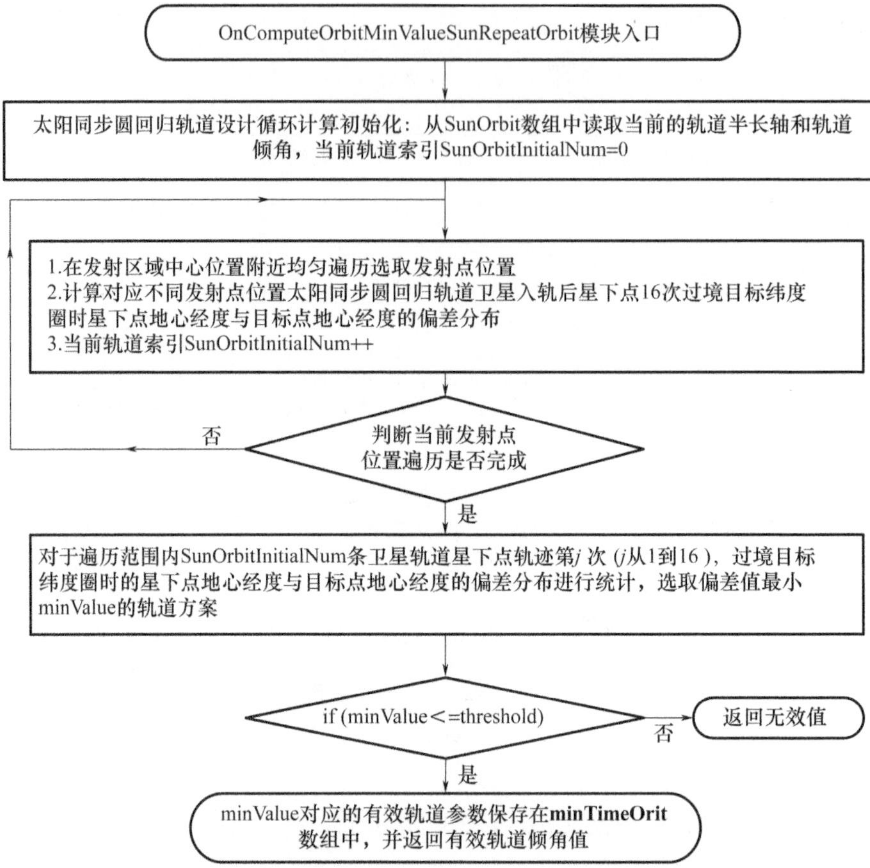

图 3－11　发射点位置遍历选取进行太阳同步圆回归轨道计算 OnComputeOrbitMinValueSunRepeatOrbit 的流程图

第 303 步：判断当前发射点位置遍历是否完成，若是则进入第 304 步，否则选取下一发射点位置，返回第 302 步。

第 304 步：对于遍历范围内 SunOrbitInitialNum 条卫星轨道星下点轨迹第 j 次（j 从 1～16，为输入参数）过境目标纬度圈时的星下点地心经度与目标点地心经度的偏差分布进行统计，选取偏差值最小的轨道方案，并对该最小偏差值 minValue进行阈值 threshold 判决。

第 305 步：对最小偏差值 minValue 进行阈值 threshold 判决，若 minValue≤threshold，则进入第 306 步；否则返回无效值。

第 306 步：minValue 对应的轨道方案保存在 minTimeOrbit 数组中，并返回有效轨道倾角值。

3.3.5　半长轴迭代计算函数

在第 201 步中，太阳同步圆回归轨道半长轴迭代计算（OnComputeAa）流程如图 3 - 12 所示，具体包括如下。

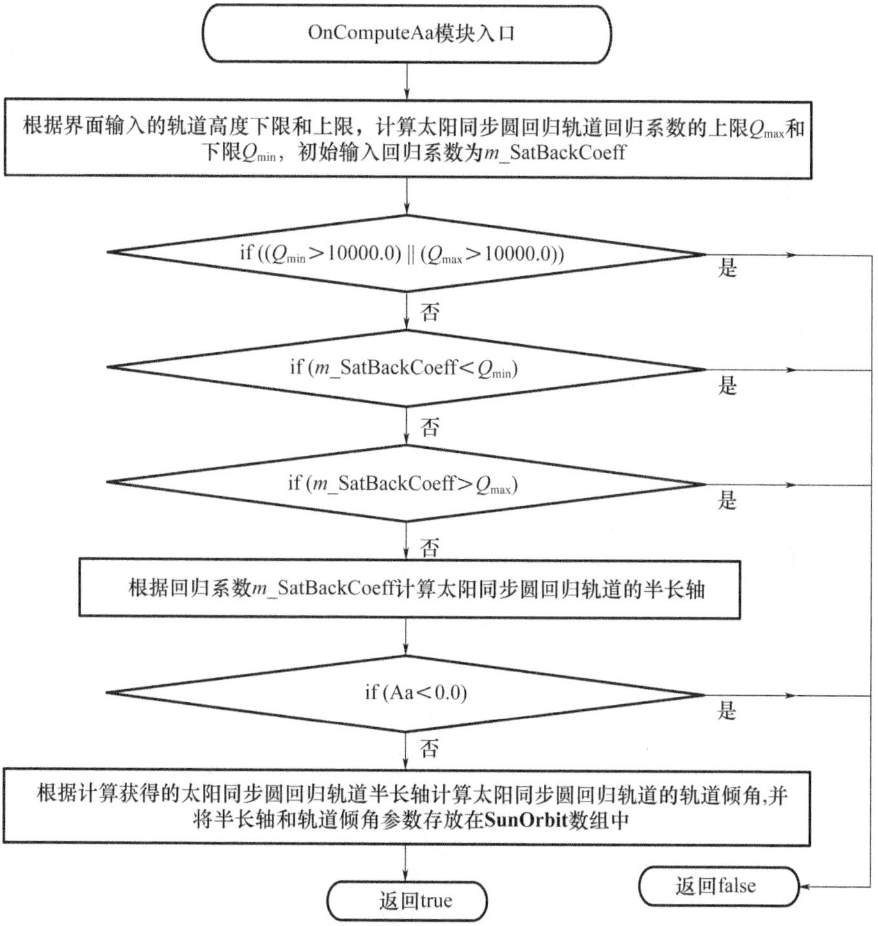

图 3 - 12　太阳同步圆回归轨道半长轴迭代计算 OnComputeAa 的流程图

第 501 步：根据界面输入的轨道高度下限和上限，调用太阳同步圆回归轨道回归系数计算太阳同步圆回归轨道回归系数的上限 Q_{max} 和下限 Q_{min}，当前根据界面输入得到的回归系数为 $m\_SatBackCoeff$。

第 502 步：判断若（$Q_{min}>10000.0$）‖（$Q_{max}>10000.0$）成立，则输出无效，否则进入第 503 步。

第 503 步：判断若 $m\_SatBackCoeff < Q_{min}$ 成立，则输出无效，否则进入第 504 步。

第 504 步：判断若 $m\_SatBackCoeff > Q_{max}$ 成立，则输出无效，否则进入第 505 步。

第 505 步：根据回归系数 $m\_SatBackCoeff$ 调用太阳同步圆回归轨道半长轴迭代计算 OnSunOrbitAa 计算太阳同步圆回归轨道的半长轴 Aa。

第 506 步：判断 $Aa<0.0$ 是否成立，若是，输出无效，否则进入第 507 步。

第 507 步：根据计算获得的太阳同步圆回归轨道半长轴 Aa，调用根据轨道半长轴的太阳同步圆轨道倾角计算（OnComputeSunOrbitAngle），迭代计算太阳同步圆回归轨道的轨道倾角 *IiAngle*，并将 Aa 和 *IiAngle* 参数存放在 *SunOrbit* 数组中，输出有效。

3.3.6 半长轴迭代计算

在第 505 步中　其中太阳同步圆回归轨道半长轴迭代计算（OnSunOrbitAa）流程，具体包括如下。

第 801 步：根据从界面输入的轨道入轨点高度上限和下限分别计算太阳同步圆轨道半长轴上限（aU）和下限（aL）。

根据轨道半长轴下限和上限，调用太阳同步圆回归轨道回归系数计算 OnComputeSunOrbitBackCoeff 分别计算太阳同步圆回归轨道回归系数的上限 Q_{max} = OnComputeSunOrbitBackCoeff（aL）和下限 Q_{min} = OnComputeSunOrbitBackCoeff（aU）。

当前根据界面输入得到的回归系数为 $m\_SatBackCoeff$。

第 802 步：判断若（$Q_{max}>100000.0$）‖ $Q_{min}>100000.0$）成立，则返回无效值，否则进入第 803 步。

第 803 步：计算第一差值 tempValue1 = Q_{max} − SatBackCoeff，以及第二差值 tempValue2 = Q_{min} − SatBackCoeff。

第 804 步：判断（tempValue1 × tempValue2）> 0.0 是否成立，若是，则返回无

效值;否则进入第 805 步。

第 805 步:轨道半长轴迭代计算初始化:迭代次数 index 初始化为 0,差值 tempValue1 和 tempValue2。

第 806 步:判断 index <30 是否成立,若是,则进入第 807 步;否则输出有效值 aM。

第 807 步:轨道半长轴迭代计算主体部分包括如下步骤。

计算轨道半长轴中间值 $aM = (aU + aL)/2.0$,index 自增 1。

根据轨道半长轴中间值 aM,调用太阳同步圆回归轨道回归系数计算 OnComputeSunOrbitBackCoeff 计算当前轨道升交点赤经导数 tempValue。

第 808 步:判断 tempValue >10000.0 是否成立,若是,则输出无效值;否则进入第 809 步。

第 809 步:判断 tempValue × tempValue1 >0.0 是否成立,若是,则令 tempValue1 = tempValue,$aL = aM$;否则令 tempValue2 = tempValue,$aU = aM$。

返回第 806 步。

3.3.7　圆回归轨道回归系数计算

太阳同步圆回归轨道回归系数计算(OnComputeSunOrbitBackCoeff)流程如图 3-13所示,具体包括如下。

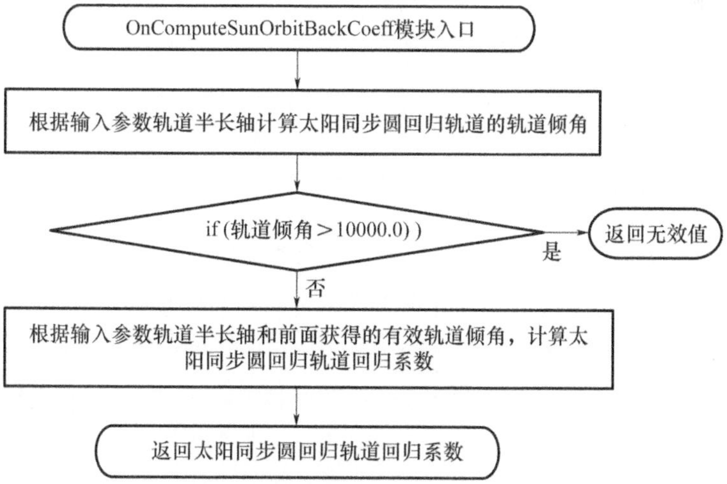

图 3-13　太阳同步圆回归轨道回归系数计算 OnComputeSunOrbitBackCoeff 的流程图

第 901 步：根据输入参数轨道半长轴 *aa*，调用根据轨道半长轴的太阳同步圆轨道倾角计算（OnComputeSunOrbitAngle），计算太阳同步圆回归轨道的轨道倾角 IiAngle。

第 902 步：判断 IiAngle > 10000.0 是否成立，若是，则返回无效值；否则进入第 903 步。

第 903 步：根据输入参数轨道半长轴 *aa* 和前面获得的有效轨道倾角 *IiAngle*，调用圆轨道回归系数计算（OnComputeBackCoeffCircle）计算太阳同步圆回归轨道回归系数 Q，返回太阳同步圆回归轨道回归系数 Q。

3.3.8 圆轨道回归系数计算

圆轨道回归系数计算（OnComputeBackCoeffCircle）流程如下。

根据轨道半长轴 a_{I}、轨道倾角 i、地球平均半径 R_{E}、地球自转速度 ω_{E} 和卫星平均角速度 n，计算圆轨道回归系数：

$$f_{\mathrm{A}} = \frac{n[16\,a_{\mathrm{I}}^4 - 24\,J_2(a_I R_{\mathrm{E}})^2(1-4\cos^2 i) + 3\,J_2^2 R_{\mathrm{E}}{}^4(5-48\cos^2 i + 133\cos^4 i)]}{16\,a_{\mathrm{I}}^4\omega_{\mathrm{E}} + 6J_2R_{\mathrm{E}}^2 n\cos i[4\,a_{\mathrm{I}}^2 - J_2R_{\mathrm{E}}^2(4-19\cos^2 i)]}$$

最后，返回圆轨道回归系数f_A

3.4 卫星轨道评估模型

3.4.1 卫星轨道评估方法

基于观测窗口和跟踪弧段的卫星轨道评估方法主要应用于固体运载火箭发射低轨天基观测卫星的轨道规划评估问题，目的是判断规划出的卫星轨道能否支持实现对目标区域的快速有效观测。针对不同类型目标区域观测需求，需要根据发射、测控和光照等约束条件具体分析计算其发射窗口，并结合卫星发射轨道模型、轨道回归特性约束、目标区域光照条件约束和精确地球运动模型进行轨道方案设计。常规液体运载火箭发射天基观测卫星轨道规划与固体运载火箭的区别在于任务设计理念不同，常规天基观测任务首先发射天基观测卫星，在给出具体观测目标后，通过轨道机动将卫星送入观测轨道对目标进行观测。轨道方案设计理念差异以及运载火箭种类不同决定了轨道评估方法的不兼容性。

基于观测窗口和跟踪弧段的卫星轨道评估方法分两个部分进行。第一部分是根据当前卫星轨道参数和地面目标参数，计算在一定评估周期内卫星对地面目标的观测窗口评估。第二部分是根据当前卫星轨道参数和地面接收站参数，计算在一定评估周期内地面接收站对卫星的跟踪弧段评估。

1. 观测窗口评估方法

计算评估周期内卫星观测圆锥每次进入目标纬度圈和离开目标纬度圈的时间窗口$[t_{\mathrm{Begin}}, t_{\mathrm{End}}]$。计算卫星观测圆锥进入和离开目标纬度圈的经度范围，并判断目标点经度是否在此经度范围内。

对于目标点经度在此经度范围内的情况，则在相应时间窗口$[t_{\mathrm{Begin}}, t_{\mathrm{End}}]$内以0.1s的时间间隔精确计算卫星在ECEF中的位置，计算（卫星至地心）矢量与（卫星至目标点）矢量的观测夹角。根据观测夹角与卫星最大可视角的空间几何关系，计算卫星对地面目标的观测窗口。

2. 跟踪弧段评估方法

计算评估周期内卫星星下点进入和离开地面接收站初步纬度覆盖范围的时间窗口$[t_{\mathrm{Begin}}, t_{\mathrm{End}}]$。计算星下点进入和离开地面接收站初步纬度覆盖范围的经度范围，并判断地面接收站经度是否在此经度范围内。

对于地面接收站经度在此经度范围内的情况，则在时间窗口$[t_{\mathrm{Begin}}, t_{\mathrm{End}}]$内以0.1s的时间间隔精确计算卫星在ECEF中的位置，计算（焦心至地面接收站）矢量与（卫星至地面接收站）矢量的跟踪夹角。根据地面接收站俯仰角最小最大约束和跟踪夹角的空间几何关系，计算地面接收站对卫星跟踪弧段。

3.4.2 观察窗口评估流程

卫星对地面目标的观测窗口评估流程如图3-14所示，具体包括如下。

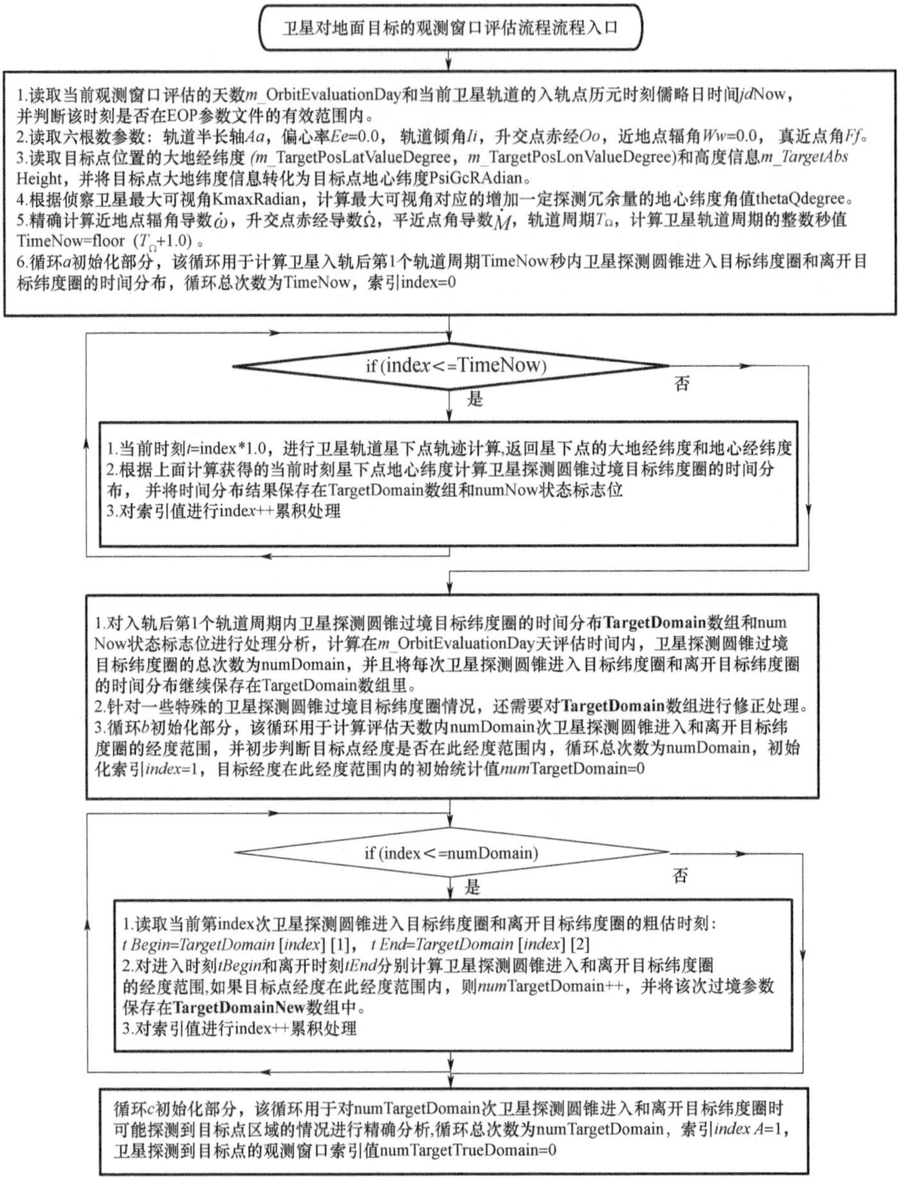
卫星对地面目标的观测窗口评估流程流程入口
1.读取当前观测窗口评估的天数m_OrbitEvaluationDay和当前卫星轨道的入轨点历元时刻儒略日时间jdNow，并判断该时刻是否在EOP参数文件的有效范围内。
2.读取六根数参数：轨道半长轴Aa，偏心率Ee=0.0，轨道倾角Ii，升交点赤经Oo，近地点辐角Ww=0.0，真近点角Ff。
3.读取目标点位置的大地经纬度 (m_TargetPosLatValueDegree，m_TargetPosLonValueDegree)和高度信息m_TargetAbs Height，并将目标点大地纬度信息转化为目标点地心纬度PsiGcRAdian。
4.根据侦察卫星最大可视角KmaxRadian，计算最大可视角对应的增加一定探测冗余量的地心纬度角值thetaQdegree。
5.精确计算近地点辐角导数ω̇，升交点赤经导数Ω̇，平近点角导数Ṁ，轨道周期TΩ，计算卫星轨道周期的整数秒值TimeNow=floor (TΩ+1.0)。
6.循环a初始化部分，该循环用于计算卫星入轨后第1个轨道周期TimeNow秒内卫星探测圆锥进入目标纬度圈和离开目标纬度圈的时间分布，循环总次数为TimeNow，索引index=0
if (index<=TimeNow)
否
是
1.当前时刻t=index*1.0，进行卫星轨道星下点轨迹计算,返回星下点的大地经纬度和地心经纬度
2.根据上面计算获得的当前时刻星下点地心纬度计算卫星探测圆锥过境目标纬度圈的时间分布，并将时间分布结果保存在TargetDomain数组和numNow状态标志位
3.对索引值进行index++累积处理
1.对入轨后第1个轨道周期内卫星探测圆锥过境目标纬度圈的时间分布TargetDomain数组和numNow状态标志位进行处理分析，计算在m_OrbitEvaluationDay天评估时间内，卫星探测圆锥过境目标纬度圈的总次数为numDomain，并且将每次卫星探测圆锥进入目标纬度圈和离开目标纬度圈的时间分布继续保存在TargetDomain数组里。
2.针对一些特殊的卫星探测圆锥过境目标纬度圈情况，还需要对TargetDomain数组进行修正处理。
3.循环b初始化部分，该循环用于计算评估天数内numDomain次卫星探测圆锥进入和离开目标纬度圈的经度范围，并初步判断目标点经度是否在此经度范围内，循环总次数为numDomain，初始化索引index=1，目标经度在此经度范围内的初始统计值numTargetDomain=0
if (index<=numDomain)
否
是
1.读取当前第index次卫星探测圆锥进入目标纬度圈和离开目标纬度圈的粗估时刻：
t Begin=TargetDomain [index] [1]，t End=TargetDomain [index] [2]
2.对进入时刻tBegin和离开时刻tEnd分别计算卫星探测圆锥进入和离开目标纬度圈的经度范围,如果目标点经度在此经度范围内，则numTargetDomain++，并将该次过境参数保存在TargetDomainNew数组中。
3.对索引值进行index++累积处理
循环c初始化部分，该循环用于对numTargetDomain次卫星探测圆锥进入和离开目标纬度圈时可能探测到目标点区域的情况进行精确分析,循环总次数为numTargetDomain，索引index A=1，卫星探测到目标点的观测窗口索引值numTargetTrueDomain=0

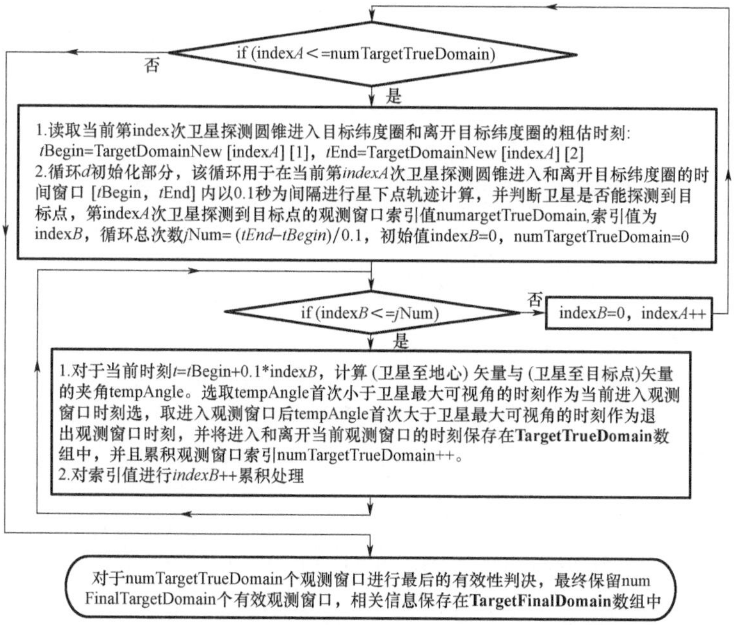

图 3－14　卫星对地面目标的观测窗口评估流程图

第 1 步:读取当前观测窗口评估天数和当前卫星轨道的入轨点历元时刻儒略日时间;读取当前卫星轨道的六根数参数:轨道半长轴、偏心率、轨道倾角、升交点赤经、近地点辐角和真近点角;读取目标点位置的大地经纬度和高度信息,并将目标点大地纬度信息转化为目标点地心纬度;根据观测卫星最大可视角,计算最大可视角对应的增加一定观测冗余量的地心纬度角值;根据读取的输入参数,精确计算当前卫星轨道的近地点辐角导数、升交点赤经导数、平近点角导数、轨道周期,计算卫星轨道周期的整数秒值。

第 2 步:计算卫星入轨后第 1 个轨道周期时间内卫星观测圆锥进入目标纬度圈和离开目标纬度圈的时间分布;利用卫星星下点轨迹大地经纬度、地心经纬度、与目标点矢量夹角计算方法进行卫星轨道星下点轨迹计算,返回星下点的大地经纬度和地心经纬度;根据上面计算获得的当前时刻星下点地心纬度计算卫星观测圆锥过境目标纬度圈的时间分布。

第 3 步:对入轨后第 1 个轨道周期内卫星观测圆锥过境目标纬度圈的时间分布进行处理分析;计算在观测窗口评估天数内,卫星观测圆锥过境目标纬度圈的总次数,并且保存每次卫星观测圆锥进入目标纬度圈和离开目标纬度圈的时间分布；针对一些特殊的卫星观测圆锥过境目标纬度圈情况，还需要对时间分布进行修正处理。

第4步：在观测窗口评估天数内，计算评估卫星观测圆锥进入和离开目标纬度圈的经度范围，并初步判断目标点经度是否在此经度范围内；读取卫星观测圆锥进入目标纬度圈和离开目标纬度圈的初估时刻；对进入时刻和离开时刻分别利用卫星星下点轨迹大地经纬度、地心经纬度、矢量夹角计算方法计算卫星观测圆锥进入和离开目标纬度圈的经度范围，若目标点经度在此经度范围内，则保存该次过境参数。

第5步：对卫星观测圆锥进入和离开目标纬度圈时可能观测到目标点区域的情况进行精确分析；读取当前卫星观测圆锥进入目标纬度圈和离开目标纬度圈的初估时刻；在当前卫星观测圆锥进入和离开目标纬度圈的时间窗口内以0.1s为间隔进行星下点轨迹计算，并判断卫星是否能观测到目标点，具体方法是对于当前时刻利用卫星星下点轨迹大地经纬度、地心经纬度、矢量夹角计算方法计算（卫星至地心）矢量与（卫星至目标点）矢量的夹角，选取首次小于卫星最大可视角的时刻作为当前进入观测窗口时刻，选取进入观测窗口后首次大于卫星最大可视角的时刻作为退出观测窗口时刻，并保存进入和离开当前观测窗口的时刻。

第6步：对于观测窗口进行最后的有效性判决，最终保留有效观测窗口。

3.4.3 跟踪弧段评估流程

地面接收站对卫星的跟踪弧段评估流程如图3－15所示，具体步骤包括如下内容。

第1步：读取当前观测窗口评估的天数和当前卫星轨道的入轨点历元时刻儒略日时间；读取当前卫星轨道的六根数；读取地面接收站的大地经纬度和高度信息，并将接收站大地纬度信息转化为目标点地心纬度；根据地面接收站俯仰角最小约束，计算俯仰角最小约束对应的增加一定冗余量的卫星和地面站地心夹角约束，并定义地面接收站初步纬度覆盖范围；根据读取的输入参数，精确计算当前卫星轨道的近地点辐角导数、升交点赤经导数、平近点角导数、轨道周期，计算卫星轨道周期的整数秒值。

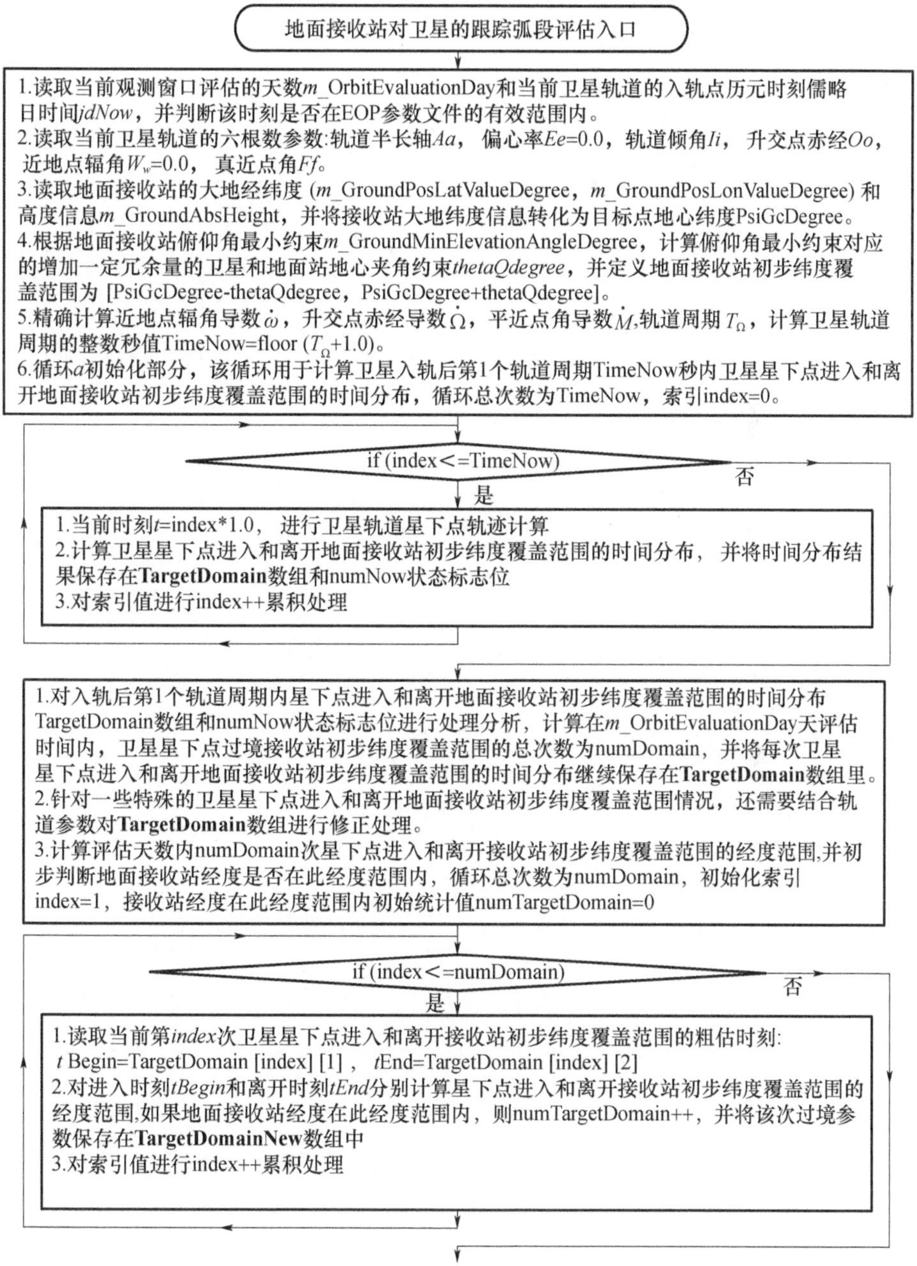
地面接收站对卫星的跟踪弧段评估入口
1.读取当前观测窗口评估的天数m_OrbitEvaluationDay和当前卫星轨道的入轨点历元时刻儒略日时间jdNow，并判断该时刻是否在EOP参数文件的有效范围内。
2.读取当前卫星轨道的六根数参数:轨道半长轴Aa，偏心率Ee=0.0，轨道倾角Ii，升交点赤经Oo，近地点辐角Ww=0.0，真近点角Ff。
3.读取地面接收站的大地经纬度（m_GroundPosLatValueDegree，m_GroundPosLonValueDegree）和高度信息m_GroundAbsHeight，并将接收站大地纬度信息转化为目标点地心纬度PsiGcDegree。
4.根据地面接收站俯仰角最小约束m_GroundMinElevationAngleDegree，计算俯仰角最小约束对应的增加一定冗余量的卫星和地面站地心夹角约束thetaQdegree，并定义地面接收站初步纬度覆盖范围为 [PsiGcDegree-thetaQdegree，PsiGcDegree+thetaQdegree]。
5.精确计算近地点辐角导数ω̇，升交点赤经导数Ω̇，平近点角导数Ṁ,轨道周期TΩ，计算卫星轨道周期的整数秒值TimeNow=floor (TΩ+1.0)。
6.循环a初始化部分，该循环用于计算卫星入轨后第1个轨道周期TimeNow秒内卫星星下点进入和离开地面接收站初步纬度覆盖范围的时间分布，循环总次数为TimeNow，索引index=0。
if (index<=TimeNow)
否
是
1.当前时刻t=index*1.0，进行卫星轨道星下点轨迹计算
2.计算卫星星下点进入和离开地面接收站初步纬度覆盖范围的时间分布，并将时间分布结果保存在TargetDomain数组和numNow状态标志位
3.对索引值进行index++累积处理
1.对入轨后第1个轨道周期内星下点进入和离开地面接收站初步纬度覆盖范围的时间分布TargetDomain数组和numNow状态标志位进行处理分析，计算在m_OrbitEvaluationDay天评估时间内，卫星星下点过境接收站初步纬度覆盖范围的总次数为numDomain，并将每次卫星星下点进入和离开地面接收站初步纬度覆盖范围的时间分布继续保存在TargetDomain数组里。
2.针对一些特殊的卫星星下点进入和离开地面接收站初步纬度覆盖范围情况，还需要结合轨道参数对TargetDomain数组进行修正处理。
3.计算评估天数内numDomain次星下点进入和离开接收站初步纬度覆盖范围的经度范围,并初步判断地面接收站经度是否在此经度范围内，循环总次数为numDomain，初始化索引index=1，接收站经度在此经度范围内初始统计值numTargetDomain=0
if (index<=numDomain)
否
是
1.读取当前第index次卫星星下点进入和离开接收站初步纬度覆盖范围的粗估时刻:
t Begin=TargetDomain [index] [1]， tEnd=TargetDomain [index] [2]
2.对进入时刻tBegin和离开时刻tEnd分别计算星下点进入和离开接收站初步纬度覆盖范围的经度范围,如果地面接收站经度在此经度范围内，则numTargetDomain++，并将该次过境参数保存在TargetDomainNew数组中
3.对索引值进行index++累积处理

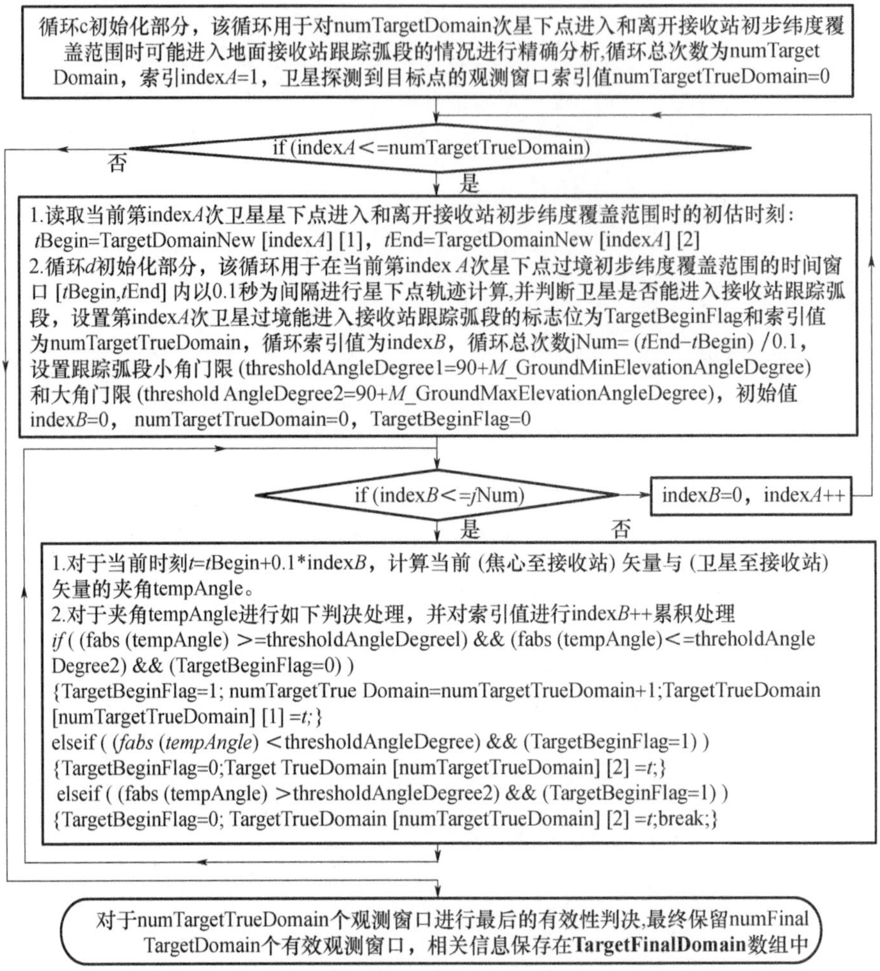

图 3－15　地面接收站对卫星的跟踪弧段评估流程图

第 2 步：计算卫星入轨后第 1 个轨道周期时间内卫星星下点进入和离开地面接收站初步纬度覆盖范围的时间分布；调用卫星星下点轨迹大地经纬度、地心经纬度、矢量夹角计算方法进行卫星轨道卫星星下点轨迹计算，返回卫星星下点的大地经纬度和地心经纬度；根据上面计算获得的当前时刻星下点地心纬度计算卫星星下点进入和离开地面接收站初步纬度覆盖范围的时间分布。

第 3 步：对入轨后第 1 个轨道周期内星下点进入和离开地面接收站初步

纬度覆盖范围的时间分布进行处理分析;计算在观测窗口评估时间内卫星星下点过境接收站初步纬度覆盖范围的总次数,并保存每次卫星星下点进入和离开地面接收站初步纬度覆盖范围的时间分布。针对一些特殊的卫星星下点进入和离开地面接收站初步纬度覆盖范围情况,还需要结合轨道参数进行修正处理。

第4步:计算观测窗口评估时间内星下点进入和离开接收站初步纬度覆盖范围的经度范围,并初步判断地面接收站经度是否在此经度范围内;读取卫星星下点进入和离开接收站初步纬度覆盖范围的初估时刻,对进入时刻和离开时刻分别调用卫星星下点轨迹大地经纬度、地心经纬度、矢量夹角计算方法计算星下点进入和离开接收站初步纬度覆盖范围的经度范围,若地面接收站经度在此经度范围内,则保存该次过境参数。

第5步:对星下点进入和离开接收站初步纬度覆盖范围时可能进入地面接收站跟踪弧段的情况进行精确分析;读取卫星星下点进入和离开接收站初步纬度覆盖范围时的初估时刻;在星下点过境初步纬度覆盖范围的时间窗口内以0.1s为间隔进行星下点轨迹计算,并判断卫星是否能进入接收站跟踪弧段:调用卫星星下点轨迹大地经纬度、地心经纬度、矢量夹角计算方法计算当前(焦心至接收站)矢量与(卫星至接收站)矢量的夹角,并根据设置的跟踪弧段小角门限和大角门限对夹角进行判决处理。

第6步:对于观测窗口进行最后的有效性判决,最终保留有效观测窗口。

3.4.4 轨迹经纬度、矢量夹角计算

卫星星下点轨迹大地经纬度、地心经纬度、与目标点矢量夹角计算方法如下。图3-16所示,具体包括如下步骤。

第1步:根据卫星半长轴和当前偏近点角,计算卫星在地心轨道坐标系下的位置矢量。

第2步:根据相对入轨时刻时间差和升交点赤经导数,计算当前时刻卫星运行轨道的升交点赤经。

第3步:根据相对入轨时刻时间差和近地点辐角导数,计算当前时刻卫星运行轨道的近地点辐角。

第4步:构建地心轨道坐标系到地心惯性坐标系的转换矩阵。

卫星星下点轨迹大地经纬度、地心经纬度、矢量夹角计算方法入口

↓

1.圆形卫星轨道：卫星半长轴a_{I}和当前偏近点角E_{a}，卫星在地心轨道坐标系下的位置矢量$\boldsymbol{r}=[a_{\mathrm{I}}\cos(E_a)\ \ a_{\mathrm{I}}\sin(E_a)\ \ 0]'$，椭圆卫星轨道：根据卫星半长轴$a_{\mathrm{I}}$、偏心率$e_{\mathrm{I}}$和当前时刻$t$的平近点角$E_t$，计算当前卫星在地心轨道坐标系下的位置矢量：$\boldsymbol{r}=[r_t\cos F_t\ \ r_t\sin F_t\ \ 0]$，$r_t=a_{\mathrm{I}}(1-e_{\mathrm{I}}\cos E_t)$，$F_t=2\arctan(\tan E_t)\sqrt{(1+e_{\mathrm{I}})/(1-e_{\mathrm{I}})})$

2.根据相对入轨时刻时间差Δt和升交点赤经导数$\dot{\Omega}$计算当前时刻卫星运行轨道的升交点赤经$\Omega=\Omega_{\mathrm{I}}+\dot{\Omega}\Delta t$，其中$\Omega_{\mathrm{I}}$为卫星入轨时刻的升交点赤经

3.根据相对入轨时刻时间差Δt和近地点辐角导数$\dot{\omega}$计算当前时刻卫星运行轨道的近地点辐角$\omega=\omega_{\mathrm{I}}+\dot{\omega}\Delta t$，其中$\omega_{\mathrm{I}}$为卫星入轨时刻的近地点辐角

4.构建地心轨道坐标系到地心惯性坐标系的转换矩阵，其中i为轨道倾角

$$T_{\mathrm{m}}=\begin{bmatrix}\cos\Omega\cos\omega-\sin\Omega\sin\omega\cos i & -\cos\Omega\sin\omega-\sin\Omega\cos\omega\cos i & \sin\Omega\sin i\\ \sin\Omega\cos\omega+\cos\Omega\sin\omega\cos i & -\sin\Omega\sin\omega+\cos\Omega\cos\omega\cos i & -\cos\Omega\sin i\\ \sin\omega\sin i & \cos\omega\sin i & \cos i\end{bmatrix}$$

5.对地心轨道坐标系下的位置矢量进行坐标转换获取地心惯性ECI坐标系下的位置矢量

6.将ECI位置矢量$\boldsymbol{p}_{\mathrm{ECI}}$转换为ECEF位置矢量$\boldsymbol{p}_{\mathrm{ECEF}}$

7.根据ECEF位置矢量$\boldsymbol{p}_{\mathrm{ECEF}}$计算当前时刻圆形轨道卫星的星下点轨迹大地经纬度和地心经纬度

8.根据卫星ECEF位置矢量$\boldsymbol{p}_{\mathrm{ECEF}}$和目标点ECEF位置矢量$\boldsymbol{G}_{\mathrm{ECEF}}$计算（卫星至地心）矢量与（卫星至目标点）矢量夹角

9.根据卫星ECEF位置矢量$\boldsymbol{p}_{\mathrm{ECEF}}$、接收站ECEF位置矢量$\boldsymbol{G}_{\mathrm{ECEF}}$和接收站经线平面临近侧焦心ECEF位置矢量$\boldsymbol{F}_{\mathrm{ECEF}}$计算（焦心至接收站）矢量与（卫星至接收站）矢量夹角

↓

返回卫星星下点轨迹大地经纬度、地心经纬度、矢量夹角

图3-16　卫星星下点轨迹大地经纬度、地心经纬度、矢量夹角计算流程图

第5步：对地心轨道坐标系下的位置矢量进行坐标转换获取ECI下的位置矢量。

第6步：将ECI位置矢量转换为ECEF位置矢量。

第7步：根据卫星ECEF位置矢量计算当前时刻圆形轨道卫星的星下点轨迹大地经纬度和地心经纬度。

第8步：根据卫星ECEF位置矢量和目标点ECEF位置矢量计算（卫星至地心）矢量与（卫星至目标点）矢量夹角。

第9步：根据卫星ECEF位置矢量、接收站ECEF位置矢量和接收站经线平面临近侧焦心ECEF位置矢量计算（焦心至接收站）矢量与（卫星至接收站）矢量夹角。

第 4 章
快响发射规划总体技术方案

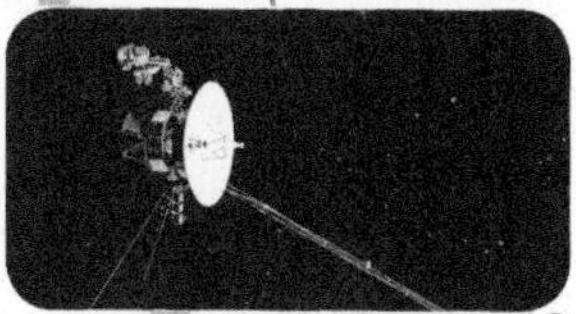

能够通过受领发射需求，结合我方装备能力、当前的状态和承担的任务情况，确定卫星、运载火箭、发射力量、卫星轨道、发射弹道、发射窗口等，评估任务可行性，制订发射方案和计划，协同测控、通信等力量制订发射保障计划，为组织预先指挥决策、临战指挥决策和战中指挥决策提供辅助决策支撑。

4.1 技术架构

技术架构由资源层、服务层、应用层构成，如图 4－1 所示。

资源层提供通信网络、计算存储、时空基准、安全保密、综合管理、基础数据和兵力火力等资源要素，为系统互联互通、各类资源管理与调控等提供基础支撑。

服务层基于资源层要素，由面向网络信息体系的信息服务基础平台提供通用的平台基座，结合任务满足度分析、发射任务编组、发射方案评估、发射波次规划、飞行诸元准备与生成、任务可行性分析、多点齐射时间窗口复核分析等专用服务，为应用层业务运行提供支撑。

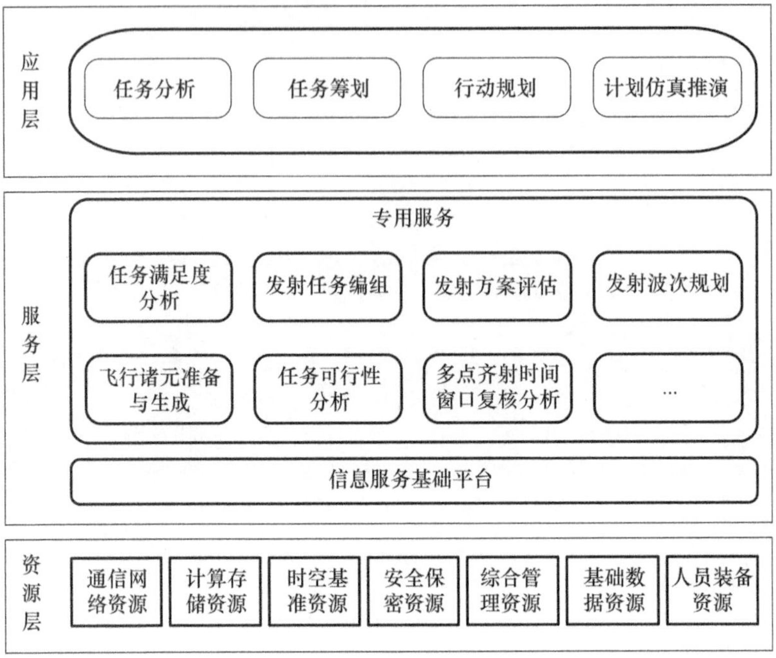

图4-1　技术架构

应用层是各类应用系统，包括任务分析、任务筹划、行动规划和计划仿真推演等应用功能。

4.2　指标要求

4.2.1　使用要求

（1）发射指令生成要求。能够针对太阳同步轨道（SSO）、近地轨道（LEO）等典型发射轨道的航天快响发射需求，分析确定发射要求，为提交上级审核批准并形成规范化发射指令提供支撑。

（2）发射方案制订与评估优选要求。能够根据发射要求，分析确定火箭型号、发射力量等，为制订发射方案提供支撑；能够对发射方案进行基于指标体系、备选方案、先验数据等方面的综合评估。

（3）发射计划拟制与仿真推演要求。能够根据发射方案，分析确定发射波次、任务布势、精确弹道数据、飞行诸元、时间窗口、首区测控方案、航区测控需求、星箭装检方案、机动方案、通信保障需求等,为制订发射计划提供支撑。能够通过仿真推演发现发射计划中可能出现的时间、空间、能力、接口和资源等方面的冲突,为完善发射计划提供支撑。

(4) 精确弹道数据解算与全要素飞行诸元生成要求。能够预先构建弹道计算数据库,并提供精确弹道数据、子级舱体残骸落区、偏差弹道、飞行诸元和发射窗口等的计算工具,为发射测控与航落区安全性分析、飞行诸元生成、精确弹道数据解算等提供支撑。

(5) 新一代中型液体运载火箭快速发射任务规划要求。能够对液体运载火箭依托场内工位预有准备的快速发射进行任务满足度分析。

4.2.2 技术指标

1. 适应性要求

(1) 任务条令适配性要求。与任务流程兼容匹配要求、对任务等级转换带来的信息流转内容变化的适应要求,以及对指挥关系变化的适应要求。

(2) 任务模式适应性要求。满足不同类型任务模式规划的要求,其中,任务模式包括多场区、多任务并行发射模式,单场区、单任务发射模式等;任务区域包括太阳同步轨道(SSO)、低倾角任务区。

2. 覆盖性要求

(1) 行动样式覆盖性要求。满足不同类型行动样式规划的要求,其中,行动样式包括场内快速发射、场外陆机机动发射、海基发射、空基发射、箱式发射等。

(2) 装备型号覆盖性要求。满足不同类型装备型号规划的要求。

(3) 指挥层级覆盖性要求。满足不同指挥层级规划的要求。

(4) 发射样式覆盖性要求。满足不同类型发射样式规划的要求,其中,发射样式包括一箭一星、一箭多星等。

(5) 关键环节支撑度。对任务筹划不同阶段关键环节的支撑程度,如对资源调度约束下的发射任务编组、发射行动筹划等的支撑程度,对最低发射条件(包括气象、窗口、中继、测控等)约束下的任务分析的支撑程度,对复杂条件下的全要素、全流程计划仿真推演的支撑程度。

3. 时效性要求

时效性要求包括:发射预案分析计算生成时间(生成一个待评估的预案,含复杂场景的分析和计算时间);发射计划分析计算生成时间(生成一个待推演的发射计划,含复杂场景的分析和计算时间);诸元计算时间;系统连续工作时间;软件故障应急启动平均恢复时间;页面切换延迟时间。

4. 其他要求

其他要求包括 CPU 平均占用率、峰值占用率、内存占用率。

4.3 信息流程

信息流程主要用于联合指挥中心开展任务分析、任务筹划和计划仿真推演,为形成规范化发射指令、方案提供支撑,并对计划进行可行性评估,发射分队、发射平台节点开展行动规划,为形成发射计划提供支撑,信息流程如图 4-2所示。

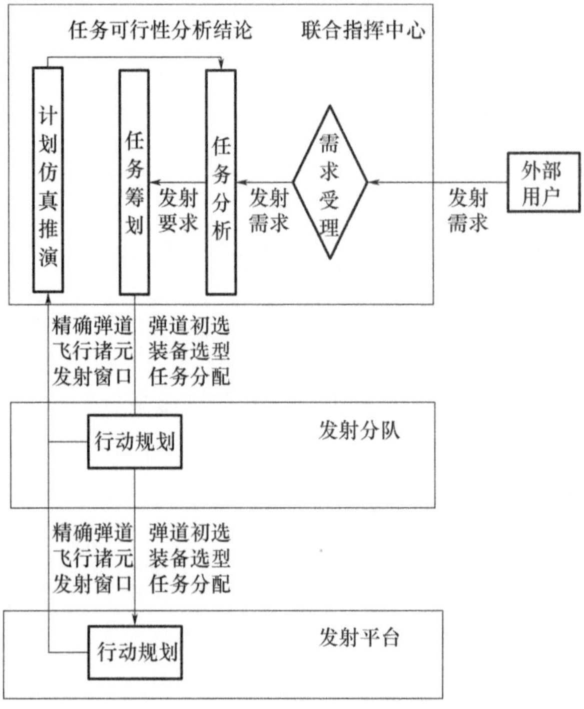

图 4-2 信息流程图

4.4　接口关系

对外接口关系如图4－3所示，对外与资源管理服务、态势综合、协同筹划框架和测控通信保障具有接口，对态势综合、资源管理服务等提供装备选型、发射弹道、飞行诸元、发射窗口等信息，获取态势信息、仿真推演环境、发射需求、发射任务、发射方案、发射计划、测控保障计划、资源模型、规则算法、计算服务和专业

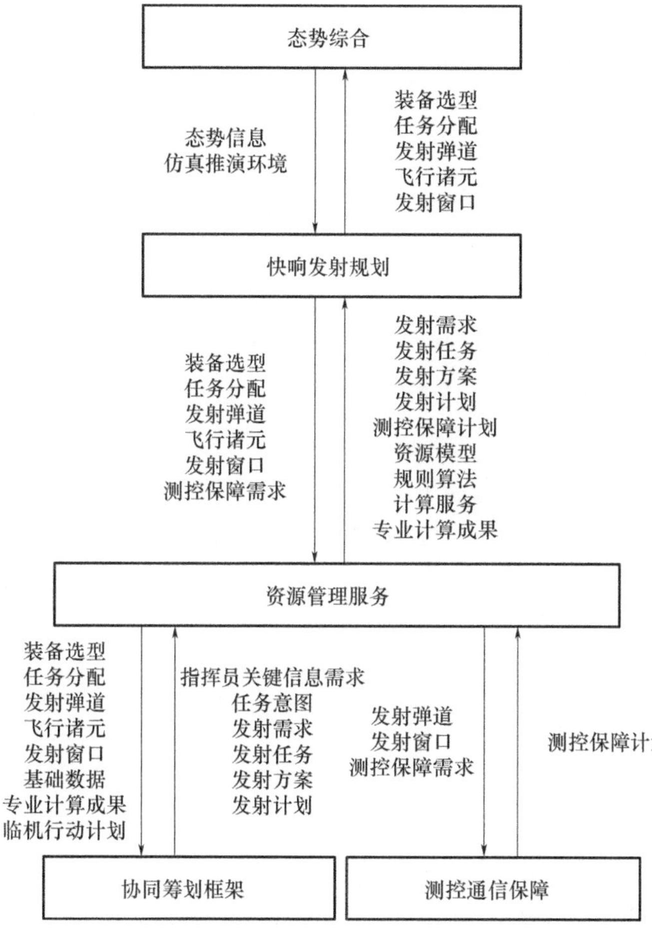

图4－3　对外接口关系图

计算成果等信息;与协同筹划框架之间依托资源管理服务进行数据交互。其中,资源管理服务主要用于完成计算存储、通信网络、数据、安全保密等各类资源管理、资源服务和管理,为系统互联互通提供基础平台,为上层应用提供信息和服务支撑。态势综合提供标准接口,具备支撑实现综合显示任务态势、构想态势、计划态势、行动态势、保障态势等,以及“图上”指挥和保障需求的能力。协同筹划框架构建网络化、分布式的协同筹划支持环境,为异地分布的各级各类指挥节点提供统一的作业平台,实时共享各类筹划数据和计算成果,为快响发射规划应用提供协同作业平台,提供协同筹划数据流转功能,快响发射规划应用软件作为插件集成到协同筹划框架的各个功能中。测控通信保障主要包括通信中继、航天测运控专用的情况研判、任务分析、需求筹划、方案制订、计划拟制、仿真推演等指挥决策功能。

4.5 任务分析

任务分析针对太阳同步轨道(SSO)、近地轨道(LEO)等典型发射轨道的航天快响发射需求和中高轨的航天快响发射需求,需求输入包括卫星类型、技术参数及入轨要求,任务目标区域、时限等,依据当前状态(人员状态、装备状态、保障状态等)、任务态势等信息,开展任务满足度分析、任务优先级分析等,完成任务统筹,分析确定发射要求,为提交上级审核批准并形成规范化任务指令提供支撑。

4.5.1 功能组成

任务分析包括任务满足度分析和任务优先级分析功能,具体如下。

1. 任务满足度分析

(1) 星箭匹配分析。开展星箭整流罩几何尺寸包络分析、星箭接口匹配性分析等。

(2) 运载能力分析。开展 SSO 和 LEO 等典型发射轨道的运载火箭最大运载能力与卫星数量、重量、尺寸、类型、轨道高度、轨道类型等的约束分析。

(3) 执行任务能力分析。分析在任务期间人员、装备、保障等要素的状态,给出执行任务能力的结论。

2. 任务优先级分析

提供任务优先级分析功能:综合航天快响发射需求、任务满足度分析结论和当前状态等,分析给出航天快响发射任务筹划排序等建议。

4.5.2　业务流程

业务分析总体流程如图4-4所示,业务流程如下。

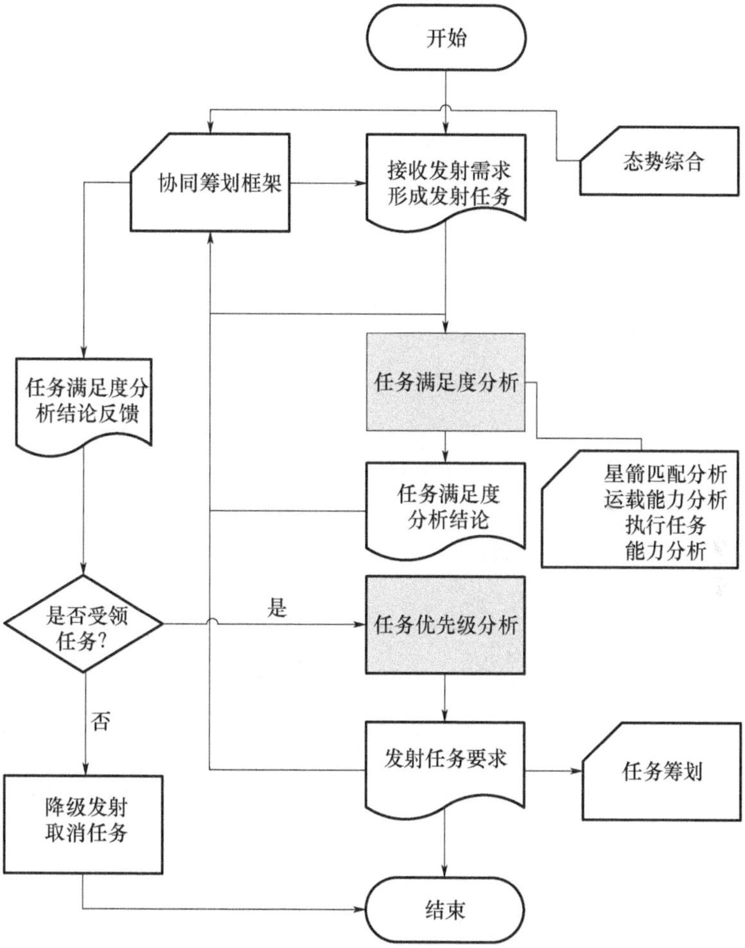

图4-4　任务分析总体流程

第1步:形成发射需求清单进行需求管理,包括需求标识、需求名称、需求来源、需求提出时间、需求完成时限、需求类型、重要程度、任务标识和优先级,其中,每个发射需求均包含卫星数量、重量、尺寸、类型、轨道高度、轨道类型和目标区域等信息。

第 2 步：根据时间约束原则（发射需求时限相近），进行需求统筹建议分组，合并相关发射需求，形成发射任务，其中重要程度以最高级进行合并，并根据重要程度约束原则，将发射任务进行优先级排序，若重要程度相同，则按每组发射需求时限最近的时间进行比较并顺序排序。

第 3 步：根据发射需求，开展任务满足度分析。结合整流罩几何尺寸包络匹配性、星箭机械接口匹配性、星箭电气接口匹配性、运载火箭运载能力、任务当前状态等信息，将发射任务分化为基于单枚运载火箭的发射子任务清单，得出任务满足度分析结论。

第 4 步：根据任务满足度分析结论反馈，确认是否受领任务，若未受领任务，给出建议降级发射或取消任务等反馈结果；若受领任务，则进行发射子任务的优先级分析。

第 5 步：综合发射子任务中完成时限要求和重要程度等约束信息，开展任务优先级分析。首先判断各子任务的重要程度，若重要程度不同，则按高、中、低的顺序进行降序排序并同步更新子任务清单；若出现子任务重要程度相同时，则按子任务的需求时限由近至远顺序排序并同步更新子任务清单。最终按照排序结果，生成相应的发射要求。

4.5.3 接口关系

任务分析主要接口关系如表 4－1 所列。

表 4－1 任务分析主要接口关系

序号	发送方	接收方	信息名称
1	任务分析	协同筹划框架	任务满足度分析结论
2		任务筹划	发射要求
3	协同筹划框架	任务分析	发射需求
4			任务满足度分析结论反馈

4.6 任务筹划

任务筹划是指根据发射要求、当前状态、运载火箭与卫星匹配规则以及运载火箭与运载能力情况等，开展发射弹道规划、发射任务编组和发射方案评估，明确发射力量、运载火箭型号，为制定发射方案提供支撑。

4.6.1　功能组成

任务筹划包括发射弹道规划、发射任务编组和发射方案评估 3 个功能，具体功能如下。

1. 发射弹道规划

（1）运载能力优化。能够基于 SSO 和 LEO 等典型发射轨道的多个发射区域、多种轨道高度、多种轨道倾角等，求解最大运载能力。

（2）弹道解算。根据预设发射点位、目标轨道、运载火箭参数等，迭代解算出一条从发射点到目标点的质点弹道。

（3）发射弹道规划数据库。依据预设发射点位、典型星箭分离模式，网络化构建包括预设发射点位、卫星质量、轨道高度、轨道倾角等多维度的发射弹道规划数据库，用于支撑测控和航落区安全性分析。

（4）航落区分析。提供弹道数据、各子级舱体残骸落区计算结果和航区计算结果等，能够在数字地图上显示。

2. 发射任务编组

（1）弹道初选。考虑安全性、规避观测、发射窗口，依据发射弹道规划数据库，选择可用的弹道数据，若匹配不上，则调用发射弹道规划中的弹道解算功能进行新质点弹道的计算。

（2）装备选型。考虑发射成本、发射响应时间、运载能力余量、运载火箭型号列装情况等因素，确定运载火箭型号。

（3）任务分配。考虑人员当前状态、弹道初选和运载火箭型号等，确定任务分队。

3. 发射方案评估

（1）评估指标体系。建立多指标要素的评估体系。

（2）先验数据匹配。收集发射任务数据，形成先验数据库，将当前发射方案与先验数据库进行匹配分析。

（3）发射方案优选。根据实际发射任务筹划出的多种方案，考虑时间优先、成本优先、可靠性优先、安全性优先等原则，采用专家打分的方法进行排序，辅助指挥员进行方案选择。

4.6.2　业务流程

任务筹划总体流程如图 4 – 5 所示，业务流程如下。

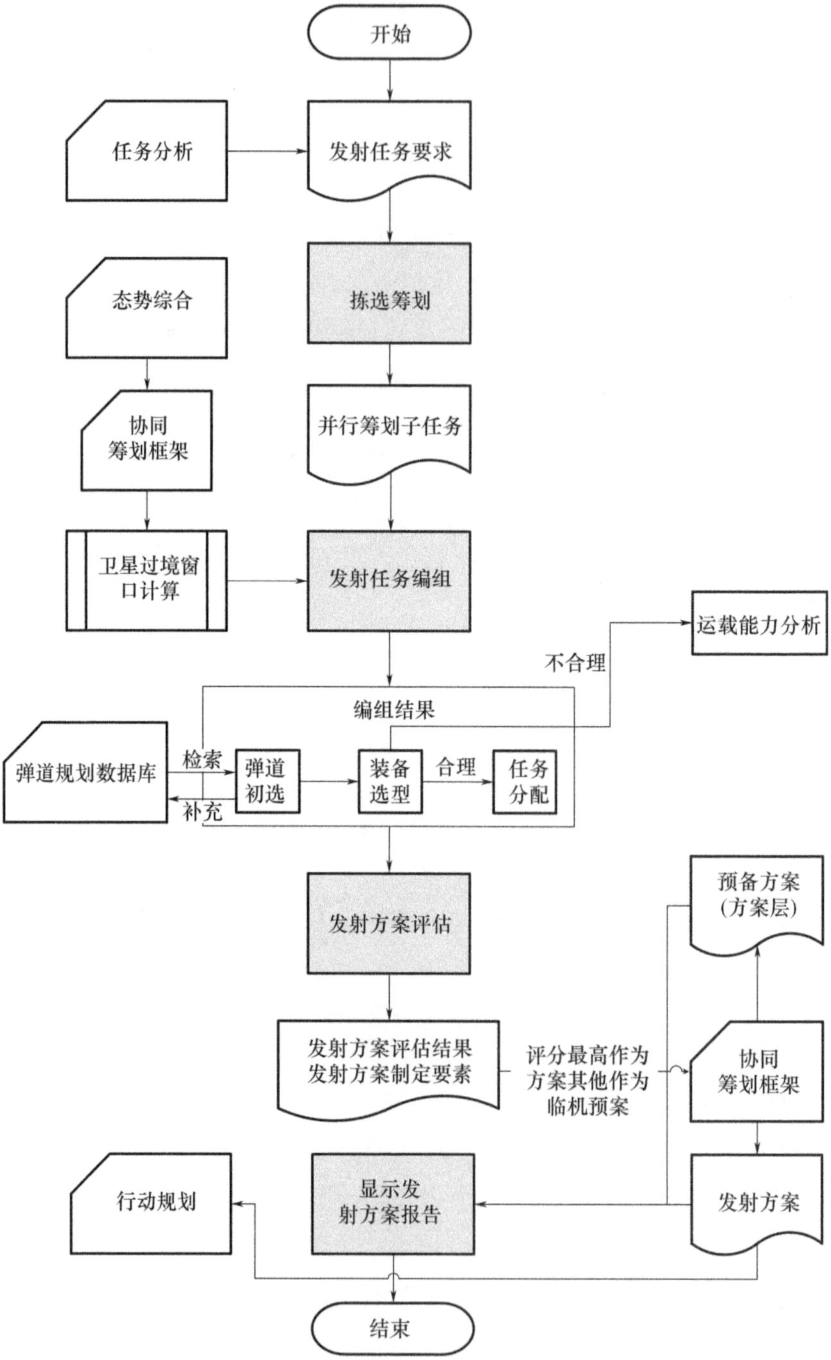

图 4－5　任务筹划总体流程图

第1步：根据发射要求，进行发射子任务的拣选筹划过程，支持多子任务并行筹划。

第2步：确定待筹划的子任务组后进入弹道初选环节。考虑安全性、规避观测、发射窗口，依据发射弹道规划数据库，选择或解算出可用的质点弹道数据。结合需求时限、发射点位、入轨信息等信息，进行弹道检索、弹道解算、航落区分析，得到发射弹道规划结果同时将新解算的弹道数据补充至发射弹道规划数据库。

第3步：考虑发射成本、发射响应时间、运载能力余量、运载火箭型号列装情况等因素，确定运载火箭型号。确认合理则进入任务分配阶段，若不合理指挥员返回任务分析中的运载能力分析环节重新配置。

第4步：考虑任务当前状态，包括可出动人员数量、运载火箭数量及状态、储备卫星数量及状态、发射车数量及状态和指挥车数量及状态，确定任务分队。

第5步：结合以往任务先验数据、发射方案评估指标体系等信息，采用打分方式进行发射方案评估，得到发射方案评估结果和发射方案制定要素。

第6步：结合评估结果，评分最高的方案要素用于制定成发射方案报告，其余筹划出的方案要素用于制定成预备方案报告（方案层）。

4.6.3　接口关系

任务筹划主要接口关系如表4－2所列。

表4－2　任务筹划主要接口关系

序号	发送方	接收方	信息名称
1	任务筹划	协同筹划框架	发射方案制定要素
2			发射方案评估结果
3		态势综合	空间目标索取信息
4			测绘地理索取信息
5		计划仿真推演	预备方案（方案层）
6	协同筹划框架	任务筹划	发射方案
7	任务分析		发射要求
8	态势综合		空间目标索取结果
9			测绘地理索取结果

4.7 行动规划

行动规划是指根据发射方案、发射能力约束条件等，开展发射波次规划、任务布势分析、飞行诸元准备与生成、测控筹划、星箭装检筹划、机动筹划、通信保障筹划，确定波次规划方案、任务布势、精确弹道数据、飞行诸元、时间窗口、首区测控方案、航区测控需求、星箭装检方案、机动方案、通信保障需求，为制订发射计划提供支撑。

4.7.1 功能组成

行动规划包括发射波次规划、任务布势分析、飞行诸元准备与生成、测控筹划、星箭装检筹划、机动筹划、通信保障筹划 7 个功能，具体功能如下。

1. 发射波次规划

发射波次规划包括：考虑发射保障能力、发射窗口、弹道交叉等约束条件，规划一车一箭、多车多箭等发射模式，在满足发射时限要求的前提下，确定最小发射时间间隔，形成发射波次方案。

2. 任务布势分析

根据发射波次方案，确定发射单元的数量、构成及任务分队，赋予各发射单元的发射任务，明确任务要求，确定各发射单元的发射点位、待机点位、备选点位等。

3. 飞行诸元准备与生成

(1) 运载能力优化。能够基于 SSO 和 LEO 等典型发射轨道的预设发射点位机动范围、多种轨道高度、多种轨道倾角、装备性能等，求解最大运载能力。

(2) 发射弹道解算。根据预设发射点位、目标轨道、运载火箭参数等，迭代解算出一条从发射点到目标点的弹道。

(3) 弹道计算数据库。依据预设发射点位机动范围、典型星箭分离模式，网格化构建包括预设发射点位、卫星质量、轨道高度、轨道倾角等多维度的弹道计算数据库，包含控制系统参数，作为精确弹道数据解算的起始条件。

(4) 航落区分析。提供精确弹道数据、各子级舱体残骸落区计算结果和航区计算结果等，能够在数字地图上显示，用于支撑测控和航落区安全性分析。

（5）飞行诸元生成。能够根据运载装备的初始参数、控制系统和动力系统性能，实现精确弹道数据、飞行诸元、发射窗口等计算。

4. 测控筹划

测控筹划包括：针对 SSO、LEO 等典型发射轨道的发射任务，根据测控弹道数据、测控设备状态等信息，分析形成测控要求，确定首区测控方案、航区测控需求。

5. 星箭装检筹划

星箭装检筹划包括：针对卫星、运载火箭在厂房进行测试、转运、对接等典型工作流程，结合可用厂房工位数量、工位状态等情况，确定每一项流程的工位、时间约束，给出厂房工位分配方案、星箭装配时序以及总时间。

6. 机动筹划

（1）机动路线规划。以交通数据、发射车性能、机动起点与终点等信息为输入，规划发射单元中所有车辆（含测控车、发射车、保障车等）的分配，设计发射单元机动路线、显示规划路线基本信息，并统计分析出该路线对机动通行、有效规避风险区的有利和不利条件等，提供路线选择排序和优化建议等，辅助指挥员分析确定测控车、发射车等机动路线并进行可视化展示。

（2）机动安全时间窗口分析。得出发射单元车辆可机动安全时间窗口，为制定出发时间提供依据。

7. 通信保障筹划

通信保障筹划包括：提出通信保障需求，为筹划、管理通信频率资源，通过综合运用有线、无线、卫通、微波、短波、中继星等手段，建立行动分队指挥通信系统提供依据。

4.7.2　业务流程

行动规划总体流程如图 4－6 所示，业务流程如下。

第 1 步：根据发射方案，同时结合综合态势信息，考虑航天快响发射保障能力、发射窗口、弹道交叉等约束条件，显示发射方式，在最高效满足发射需求的前提下，确定最小发射时间间隔，形成航天快响发射波次规划。

第 2 步：根据发射波次规划，同时结合综合态势信息，开展任务布势分析，生成任务布势图，确定发射单元发射任务编组、任务区域划分、发射任务走势等信息。

第 3 步：根据发射波次规划、任务布势分析结果和综合态势信息，开展飞行诸元准备与生成，通过多点齐射碰撞分析计算结果，采用迭代取优的方法，确定运载火箭最终的发射窗口、发射射向、精确弹道数据、偏差弹道数据、残骸落点、飞行诸元等信息。

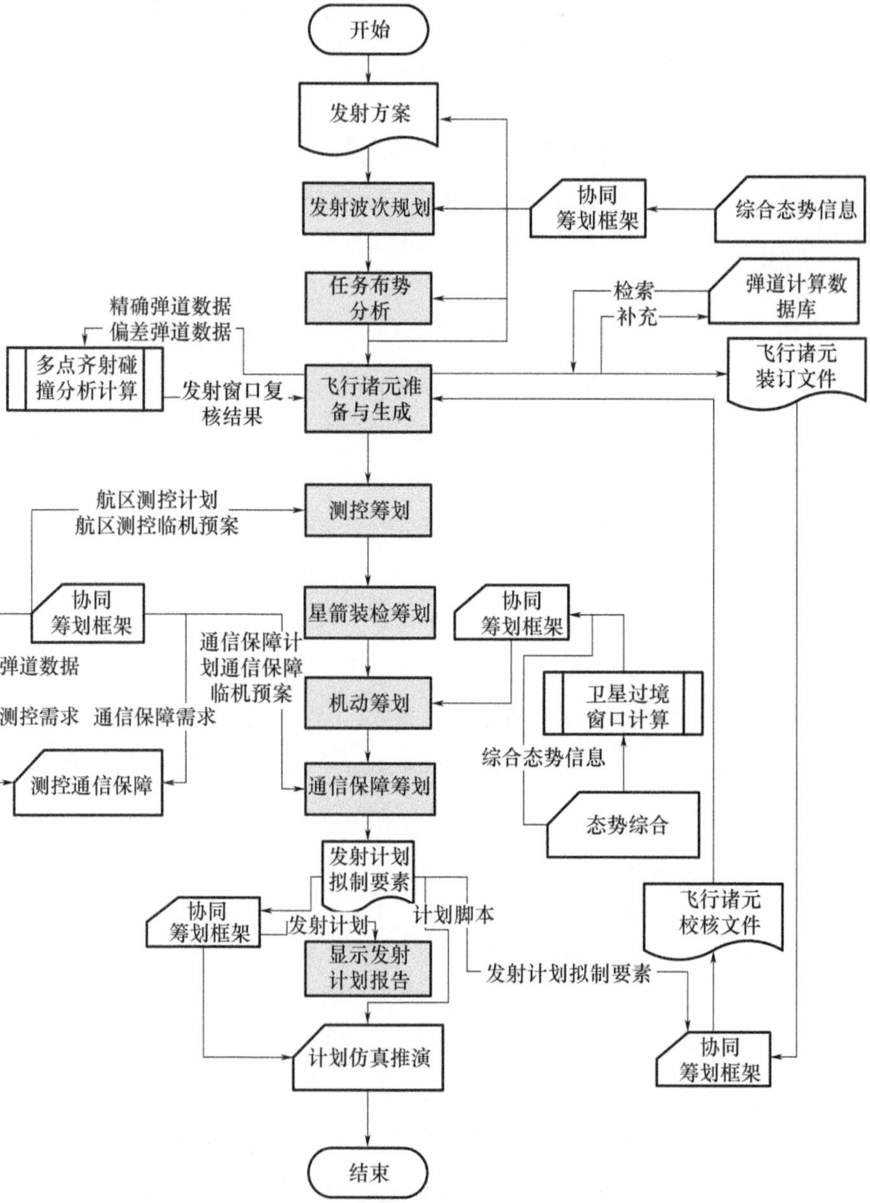

图 4-6　行动规划总体流程图

第4步：根据飞行诸元准备与生成结果，结合测控设备资源开展测控筹划，分析形成发射测控要求等条件，向测控通信保障提出测控需求，并接收其返回的测控计划和测控临机预案。

第5步：根据最终确定的发射波次规划，结合测试厂房、工位、人员、测试装备、保障装备等可用资源情况，开展星箭装检筹划。针对卫星、运载火箭在厂房进行测试、转运、对接等典型工作流程，科学合理地安排每一个发射波次的星箭装检工艺流程，确定每一项流程的工位、时间约束，给出厂房工位分配方案，星箭装配时序以及总时间。

第6步：根据综合态势信息、测绘地理数据、气象水文数据、空间目标数据、卫星过境窗口计算结果、发射单元机动性能、机动起点与终点等条件，开展机动筹划，确定发射单元机动路线、机动计划、首区临机预案等信息。

第7步：根据布势分析和机动筹划得到的任务部署、行动计划、机动计划等信息，结合可用的通信保障资源情况，开展通信保障筹划，向测控通信保障提出通信保障需求，并接收其返回的通信保障计划和通信保障临机预案。

4.7.3　接口关系

行动规划主要接口关系如表4－3所列。

表4－3　行动规划主要接口关系

序号	发送方	接收方	信息名称
1	行动规划	态势综合	空间目标索取信息
2			测绘地理索取信息
3			气象水文索取信息
4			空间态势索取信息
5			频谱态势索取信息
6		测控通信保障	精确弹道数据
7			航区测控需求
8			通信保障需求
9		协同筹划框架	发射计划拟制要素
10		计划仿真推演	发射计划拟制要素
11			首区临机预案
12			航区测控临机预案
13			通信保障临机预案

续表

序号	发送方	接收方	信息名称
14	态势综合	行动规划	综合态势信息
15			空间目标索取结果
16			测绘地理索取结果
17			气象水文索取结果
18			空间态势索取结果
19			频谱态势索取结果
20	测控通信保障		航区测控计划
21			通信保障计划
22			测控临机预案
23			通信保障临机预案
24	协同筹划框架		发射方案

4.8 计划仿真推演

4.8.1 基本原理

计划仿真推演是指基于行动策略、发射平台、发射规则等推演模型，开展任务可行性分析、多点齐射时间窗口复核分析，发现发射计划中可能出现的时间、空间、能力、接口和资源等方面的冲突和潜在缺陷，为完善发射计划提供支撑。

4.8.2 功能组成

计划仿真推演包括任务可行性分析、多点齐射时间窗口复核分析两个功能，具体功能如下。

1. 任务可行性分析

(1) 仿真想定。根据发射计划，开展场景、要素、流程、目标等想定设计。

(2) 仿真模型构建与集成。构建行动策略、发射平台、发射装备、发射规划等仿真推演模型，开展模型与平台接口设计与系统集成。

(3) 仿真评估。根据仿真想定与实验设计结果，进行仿真推演，搜集仿真推演数据，结合评估指标体系，选择评估方法，针对发射计划形成综合评估结论。

2. 多点齐射时间窗口复核分析

多点齐射时间窗口复核分析包括：根据多点齐射的发射时间窗口，分析计算弹道交叉概率，复核分析多点齐射时间窗口。

4.8.3　业务流程

计划仿真推演总体流程如图4－7所示，业务流程如下。

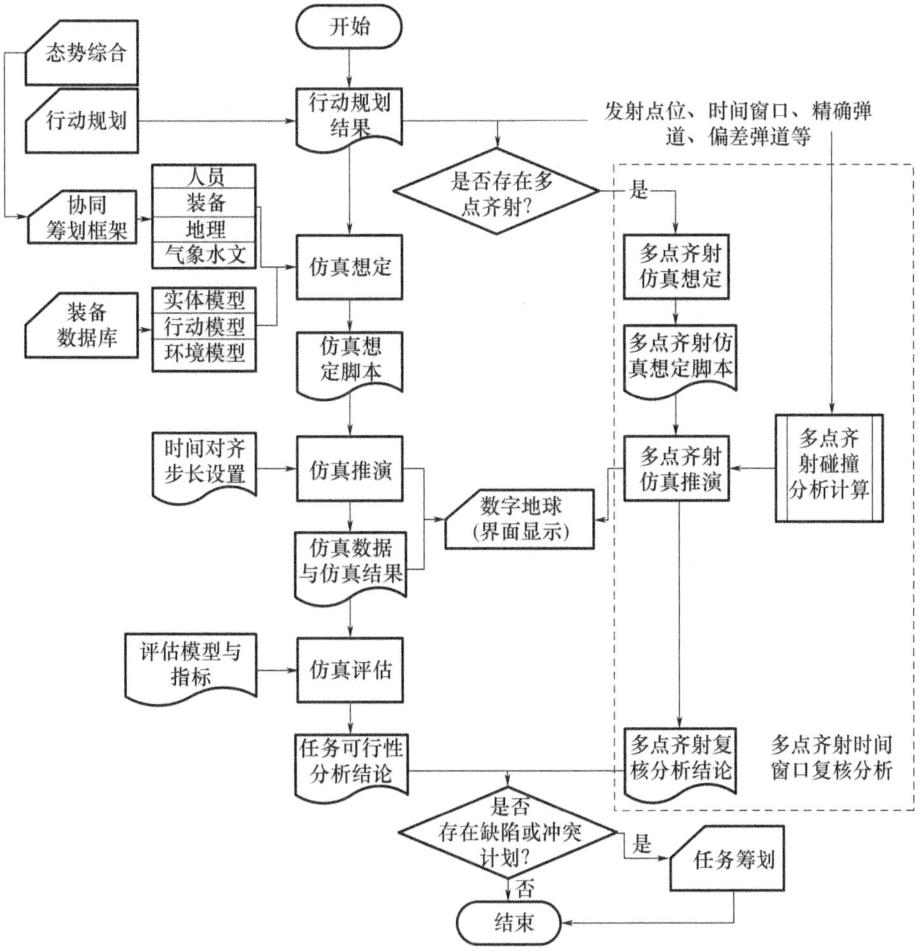

图4－7　计划仿真推演总体流程图

第 1 步：根据行动规划结果检测是否存在多点齐射的情况，若存在，则进入以下步骤进行多点齐射时间窗口复核分析：进行多点齐射仿真想定，结合多点齐射碰撞分析算法，进行多点齐射仿真推演。

第 2 步：结合人员、装备、地理、气象水文等信息以及实体模型、行动模型和环境模型，进行仿真想定，生成仿真想定脚本。

第 3 步：根据仿真想定脚本，进行仿真推演，推演过程覆盖从星箭装检至星箭分离的全过程。

第 4 步：根据仿真数据及仿真结果，结合发射方案评估模型与指标，进行仿真评估，得到任务可行性分析结论和多点齐射复核分析结论。

第 5 步：结合任务可行性分析结论和多点齐射复核分析结论，自检仿真推演过程中是否存在潜在缺陷或冲突，若依旧存在，则重新进行分析筹划。

4.8.4 接口关系

计划仿真推演主要接口关系如表 4-4 所列。

表 4-4 计划仿真推演主要接口关系

序号	发送方	接收方	信息名称
1	计划仿真推演	态势综合	空间目标索取信息
2			测绘地理索取信息
3			气象水文索取信息
4			空间态势索取信息
5			频谱态势索取信息
6		协同筹划框架	发射计划冲突检测结果
7	态势综合	计划仿真推演	综合态势信息
8			空间目标索取结果
9			测绘地理索取结果
10			气象水文索取结果
11			空间态势索取结果
12			频谱态势索取信息
13	行动规划		发射计划拟制要素
14			首区临机预案
15			测控临机预案
16			通信保障临机预案

4.9 函数接口设计

4.9.1 固体运载火箭运载能力分析函数

固体运载火箭运载能力分析函数为:double *YZNL*(double *gd_a*,double *gd_i*, double *gd_e*,double *fsd_L*,double *fsd_B*,double *fsd_H*,char * *filepath_out*)。运载能力分析函数接口要求见表4-5。

表4-5 运载能力分析函数接口要求

序号	参数名	参数符号	参数类型	单位	取值范围	默认值	备注
1	平均轨道高度	*gd_a*	float	km	[200,1000]	500	
2	平均轨道偏心率	*gd_e*	float	/	0	0	
3	平均轨道倾角	*gd_i*	float	(°)	[0,180]	60	
4	发射点经度	*fsd_L*	float	(°)	(-180,180]	111.6	
5	发射点纬度	*fsd_B*	float	(°)	[-90,90]	38.9	
6	发射点高度	*fsd_H*	float	m	—	1400	
7	输出路径	*filepath_out*	char	—	—	—	通过函数指定输出路径

计算完成后,函数返回运载能力值。

4.9.2 质点弹道计算函数

质点弹道计算函数为:int *ZDDD*(char * *filepath_in*,char * *filepath_out*),在计算时会在指定路径 *filepath_in* 下读入输入文件,计算完成后在指定路径 *filepath_out* 下生成相应的输出文件。

ZDINPUT. txt 为质点弹道计算模块输入文件,具体要求见表4-6。

表 4 - 6　ZDINPUT. txt 接口要求

序号	参数名	参数类型	单位	取值范围	默认值
1	平均轨道高度	float	km	[200,1000]	500
2	平均轨道倾角	float	(°)	[0,180]	60
3	平均轨道偏心率	float	/	0	0
4	有效载荷总质量	float	kg	—	100
5	发射点经度	float	(°)	(-180,180]	111.6
6	发射点纬度	float	(°)	[-90,90]	38.9
7	发射点高度	float	m	—	1400

OUTPUTDD_ZD. txt 为质点弹道参数输出文件。弹道参数输出时间间隔为 1s。具体要求见表 4 - 7。

表 4 - 7　OUTPUTDD_ZD. txt 接口要求

序号	参数名	参数类型	单位	备注
1	累积时间	float	s	
2	发射坐标系 X 向位置	float	km	
3	发射坐标系 Y 向位置	float	km	
4	发射坐标系 Z 向位置	float	km	
5	发射坐标系 X 向速度	float	m/s	
6	发射坐标系 Y 向速度	float	m/s	
7	发射坐标系 Z 向速度	float	m/s	
8	发射坐标系俯仰角	float	(°)	
9	发射坐标系偏航角	float	(°)	
10	发射坐标系滚转角	float	(°)	

4.9.3　测控弹道数据计算函数

测控弹道数据计算函数为：int *CKDD*(char * *filepath_in*, char * *filepath_out*)，在计算时会在指定路径 *filepath_in* 下读入输入文件，计算完成后在指定路径

*filepath_out*下生成相应的输出文件。

CKINPUT. txt 为测控弹道数据计算模块输入文件,具体要求见表4-8。

表4-8 CKINPUT. txt 接口要求

序号	参数名	参数类型	单位	取值范围	默认值
1	平均轨道高度	float	km	[200,1000]	500
2	平均轨道倾角	float	(°)	[0,180]	60
3	平均轨道偏心率	float	/	0	0
4	有效载荷总质量	float	kg		100
5	发射点经度	float	(°)	(-180,180]	111.6
6	发射点纬度	float	(°)	[-90,90]	38.9
7	发射点高度	float	m		1400

OUTPUTDD_CK. txt 分别为测控弹道、数据弹道参数输出文件。弹道参数输出时间间隔为1s。具体要求见表4-9。

表4-9 OUTPUTDD. txt 接口要求

序号	参数名	参数类型	单位	备注
1	累积时间	float	s	
2	发射坐标系 *X* 向位置	float	km	
3	发射坐标系 *Y* 向位置	float	km	
4	发射坐标系 *Z* 向位置	float	km	
5	发射坐标系 *X* 向速度	float	m/s	
6	发射坐标系 *Y* 向速度	float	m/s	
7	发射坐标系 *Z* 向速度	float	m/s	
8	发射坐标系俯仰角	float	(°)	
9	发射坐标系偏航角	float	(°)	
10	发射坐标系滚转角	float	(°)	

4.9.4 航落区安全性分析函数

航落区安全性分析函数为:int *LDDD*(char * *filepath_in*,char * *filepath_out*),在计算时会在指定路径 *filepath_in* 下读入输入文件,计算完成后在指定路径 *filepath_out*下生成相应的输出文件。

LDINPUT. txt 为航落区安全性分析模块输入文件，具体要求见表 4－10。

表 4－10 LDINPUT. txt 接口要求

序号	参数名	参数类型	量纲	取值范围	默认值
1	平均轨道高度	float	km	[200,1000]	500
2	平均轨道倾角	float	(°)	[0,180]	60
3	平均轨道偏心率	float		0	0
4	有效载荷总质量	float	kg	—	100
5	发射点经度	float	(°)	(－180,180]	111.6
6	发射点纬度	float	(°)	[－90,90]	38.9
7	发射点高度	float	m	—	1400

OUTPUTLD. txt 为航落区安全性分析结果文件，具体要求见表 4－11。

表 4－11 OUTPUTLD. txt 接口要求

序号	参数名	参数类型	单位
1	一子级残骸落点弹道数据	float	s/m/m/m/ms $^{-1}$/ ms $^{-1}$/ms $^{-1}$/ms $^{-1}$/(°)/(°)/m
2	一子级残骸理论落点经度	float	(°)
3	一子级残骸理论落点纬度	float	(°)
4	一子级残骸理论落点航程	float	km
5	一子级残骸落区角点 1 经度	float	(°)
6	一子级残骸落区角点 1 纬度	float	(°)
7	一子级残骸落区角点 2 经度	float	(°)
8	一子级残骸落区角点 2 纬度	float	(°)
9	一子级残骸落区角点 3 经度	float	(°)
10	一子级残骸落区角点 3 纬度	float	(°)
11	一子级残骸落区角点 4 经度	float	(°)
12	一子级残骸落区角点 4 纬度	float	(°)
13	二子级残骸落点弹道数据	float	s/m/m/m/ms $^{-1}$/ ms $^{-1}$/ms $^{-1}$/ms $^{-1}$/(°)/(°)/m
14	二子级残骸理论落点经度	float	(°)
15	二子级残骸理论落点纬度	float	(°)
16	二子级残骸理论落点航程	float	km
17	二子级残骸落区角点 1 经度	float	(°)
18	二子级残骸落区角点 1 纬度	float	(°)

续表

序号	参数名	参数类型	单位
19	二子级残骸落区角点 2 经度	float	(°)
20	二子级残骸落区角点 2 纬度	float	(°)
21	二子级残骸落区角点 3 经度	float	(°)
22	二子级残骸落区角点 3 纬度	float	(°)
23	二子级残骸落区角点 4 经度	float	(°)
24	二子级残骸落区角点 4 纬度	float	(°)
25	整流罩残骸落点弹道数据	float	s/m/m/m/ms^{-1}/ ms^{-1}/ms^{-1}/ms^{-1}/(°)/(°)/m
26	整流罩残骸理论落点经度	float	(°)
27	整流罩残骸理论落点纬度	float	(°)
28	整流罩残骸理论落点航程	float	km
29	整流罩残骸落区角点 1 经度	float	(°)
30	整流罩残骸落区角点 1 纬度	float	(°)
31	整流罩残骸落区角点 2 经度	float	(°)
32	整流罩残骸落区角点 2 纬度	float	(°)
33	整流罩残骸落区角点 3 经度	float	(°)
34	整流罩残骸落区角点 3 纬度	float	(°)
35	整流罩残骸落区角点 4 经度	float	(°)
36	整流罩残骸落区角点 4 纬度	float	(°)
37	三子级残骸落点弹道数据	float	s/m/m/m/ms^{-1}/ ms^{-1}/ms^{-1}/ms^{-1}/(°)/(°)/m
38	三子级残骸理论落点经度	float	(°)
39	三子级残骸理论落点纬度	float	(°)
40	三子级残骸理论落点航程	float	km
41	三子级残骸落区角点 1 经度	float	(°)
42	三子级残骸落区角点 1 纬度	float	(°)
43	三子级残骸落区角点 2 经度	float	(°)
44	三子级残骸落区角点 2 纬度	float	(°)
45	三子级残骸落区角点 3 经度	float	(°)
46	三子级残骸落区角点 3 纬度	float	(°)
47	三子级残骸落区角点 4 经度	float	(°)
48	三子级残骸落区角点 4 纬度	float	(°)

4.9.5 固体运载火箭发射诸元计算函数

固体运载火箭发射诸元计算函数为:int *DDGH*(char * *filepath_in*,char * *filepath_out*),本函数在计算时会在指定路径 *filepath_in* 下读入输入文件,计算完成后在指定路径 *filepath_out* 下生成相应的输出文件。

DDGHINPUT. txt 为固体运载火箭发射诸元计算模块输入文件,具体要求见表 4 - 12。

表 4 - 12　DDGHINPUT. txt 接口要求

序号	参数名	参数类型	量纲	取值范围	默认值
1	平均轨道高度	float	km	[200,1000]	500
2	平均轨道倾角	float	(°)	[0,180]	60
3	平均轨道偏心率	float	/	0	0
4	有效载荷总质量	float	kg	—	100
5	发射点经度	float	(°)	(- 180,180]	111.6
6	发射点纬度	float	(°)	[- 90,90]	38.9
7	发射点高度	float	m	—	1400
8	发射日期(年、月、日)	1 * 3int	—	—	2021　1　1
9	降交点地方时(时、分、秒)	intint float	—	—	12　0　0.0

OUTPUTSX. txt 为飞行时序输出文件,具体要求见表 4 - 13。

表 4 - 13　OUTPUTSX. txt 接口要求

序号	参数名	参数类型	单位
1	一级分离(时间,速度,高度)	1 * 3float	(s,m/s,km)
2	二级分离(时间,速度,高度)	1 * 3float	(s,m/s,km)
3	整流罩分离(时间,速度,高度)	1 * 3float	(s,m/s,km)
4	三级分离(时间,速度,高度)	1 * 3float	(s,m/s,km)
5	星箭分离(时间,速度,高度)	1 * 3float	(s,m/s,km)

OUTPUTZDZY. txt 为生成的装订诸元数据，具体要求见表 4－14。

表 4－14 OUTPUTZDZY. txt 接口要求

序号	参数名	参数类型	单位	备注
1	初始发射方位角	float	(°)	
2	窗口前沿理论点火 UTC 时间	float	(°)	
3	一级分离高度	float	km	
4	二级分离高度	float	km	
5	抛罩开始高度	float	km	

OUTPUTWX. txt 为星箭分离时卫星的轨道参数，包括卫星分离的累积时间和轨道六根数，具体要求见表 4－15。

表 4－15 OUTPUTWX. txt 接口要求

序号	参数名	参数类型	单位	备注
1	累积时间	float	s	
2	半长轴	float	km	
3	偏心率	float	—	
4	轨道倾角	float	(°)	
5	升交点经度	float	(°)	
6	近地点幅角	float	(°)	
7	真近地点	float	(°)	

OUTPUTDD. txt、OUTPUTDD_SP. txt、OUTPUTDD_XP. txt 分别为精确弹道数据/上偏差弹道/下偏差弹道参数输出文件，共 16 列数据，接口要求相同。弹道参数输出时间间隔为 1s。具体要求见表 4－16。

表 4－16 OUTPUTDD. txt 接口要求

序号	参数名	参数类型	单位	备注
1	累积时间	float	s	
2	发射坐标系 X 向位置	float	km	
3	发射坐标系 Y 向位置	float	km	

续表

序号	参数名	参数类型	单位	备注
4	发射坐标系 Z 向位置	float	km	
5	发射坐标系 X 向速度	float	m/s	
6	发射坐标系 Y 向速度	float	m/s	
7	发射坐标系 Z 向速度	float	m/s	
8	发射坐标系俯仰角	float	(°)	
9	发射坐标系偏航角	float	(°)	
10	发射坐标系滚转角	float	(°)	
11	大地经度	float	(°)	
12	大地纬度	float	(°)	
13	高度	float	km	
14	发射惯性坐标系俯仰角	float	(°)	
15	发射惯性坐标系偏航角	float	(°)	
16	发射惯性坐标系滚转角	float	(°)	

4.9.6 多点齐射时间窗口复核分析函数

多点齐射时间窗口复核分析函数为：int *PZFX*(int*n*, char * filepath_in, char * filepath_out)，在计算时首先通过函数获取需要分析的弹道数目 n，然后会在指定路径 filepath_in 下读入输入文件，计算完成后在指定路径 *filepath_out* 下生成相应的输出文件。具体要求见表 4-17。

表 4-17 多点齐射时间窗口复核分析函数接口要求

序号	参数名	参数符号	参数类型	单位	取值范围	默认值	备注
1	弹道数目	n	int		[2,5]	2	
2	输入路径	*filepath_in*	char				通过函数指定输入路径
3	输出路径	*filepath_out*	char				通过函数指定输出路径

INPUTPR. txt 为碰撞概率输入文件，具体要求见表 4-18。

表 4-18　INPUTPR. txt 接口要求

序号	参数名	参数类型	单位	范围	备注
1	发射点经度	float	(°)	(-180,180]	发射点 1 对应参数
2	发射点纬度	float	(°)	[-90,90]	
3	发射点高度	float	m		
4	初始发射方位角	float	(°)	[0,360)	
5	理论点火 UTC 时间	integer, integer, integer, integer, integer, float			
6	等效半径	float	m		
7	UNW 坐标系位置误差协方差	float, float, float	m		
8	发射点经度	float	(°)	(-180,180]	发射点 2 对应参数
9	发射点纬度	float	(°)	[-90,90]	
10	发射点高度	float	m		
11	初始发射方位角	float	(°)	[0,360)	
12	理论点火 UTC 时间	integer, integer, integer, integer, integer, float			
13	等效半径	float	m		
14	UNW 坐标系位置误差协方差	float, float, float	m		
15	…	…	…	…	发射点 n 对应参数

DD1. txt、DD2. txt、……、DDn. txt 分别为发射点 1、发射点 2、……、发射点 n 对应的弹道数据文件，接口相同，具体要求见表 4-19。

表 4-19　DD1. txt 接口要求

序号	参数名	参数类型	单位	备注
1	累积时间	float	s	
2	发射坐标系 X 向位置	float	km	
3	发射坐标系 Y 向位置	float	km	

续表

序号	参数名	参数类型	单位	备注
4	发射坐标系 Z 向位置	float	km	
5	发射坐标系 X 向速度	float	m/s	
6	发射坐标系 Y 向速度	float	m/s	
7	发射坐标系 Z 向速度	float	m/s	

OUTPUTPR. txt 为碰撞概率输出文件,具体要求见表 4－20。

表 4－20　OUTPUTPR. txt 接口要求

序号	弹道参数标志	参数名	参数类型	单位	备注
1	*DD*1 与 *DD*2 碰撞概率	碰撞概率	float		
2	…	…	…	…	…
3	*DD*1 与 *DD*2 碰撞概率	碰撞概率	float		

第 5 章 快响发射规划业务逻辑模型

5.1 发射任务生成模型

5.1.1 模型定义

发射任务生成模型主要包括任务满足度分析模型和任务优先级分析模型。

任务满足度分析模型是指根据发射需求、综合态势信息、任务当前状态、装备数据库等,开展星箭匹配分析、运载能力分析和任务状态分析,再根据任务满足度匹配规则,给出星箭匹配分析、运载能力分析、执行任务能力分析和任务满足度分析的结论。

任务优先级分析模型是指根据发射需求、综合态势信息、任务满足度分析结论和任务当前状态等,分析给出任务筹划排序建议和任务要求。

5.1.2 业务流程

1. 任务满足度分析模型

如图 5-1 所示，任务满足度分析模型包括星箭匹配分析模型、运载能力分析模型和执行任务能力分析模型。

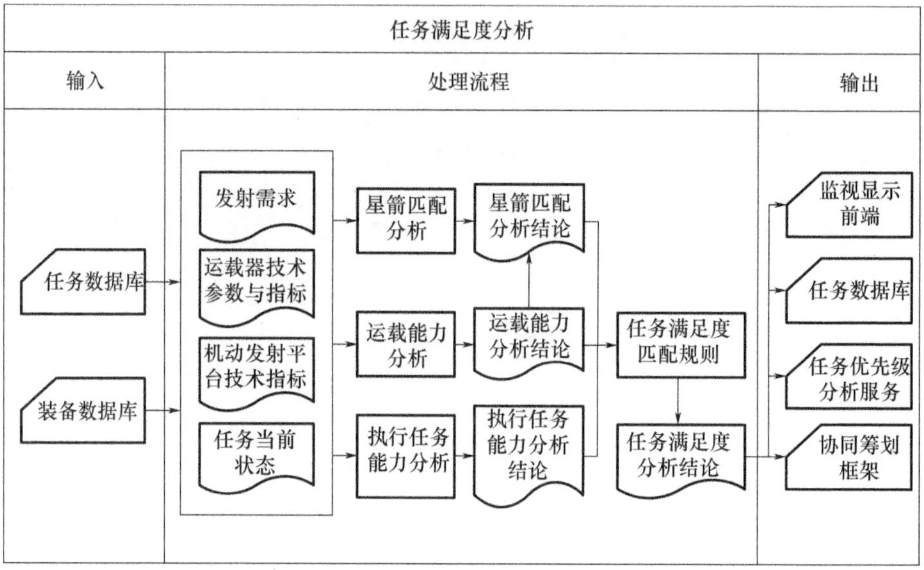

图 5-1 任务满足度分析模型处理流程图

(1) 星箭匹配分析模型。星箭匹配分析模型包括星箭整流罩几何尺寸包络分析、星箭机械接口匹配性分析等。

几何尺寸包络分析将整流罩和单发运载火箭的卫星总半径进行对比，得出包络是否匹配的结果。针对未来运载火箭进一步发展，整流罩尺寸需要设计成编辑的选项。

星箭机械接口匹配性分析是以运载能力分析给出的单发运载火箭执行发射任务所能承载的最大载荷为依据，选配相应的星箭对接接口，并在界面上展示相应的对接接口；对接接口包括 ϕ660、POD、PSL、Lightband 等，每个接口包含不同的规格，如包带式、点式连接式等。建议 200kg 以上的卫星，按照国际标准接口，采用 ϕ660 包带装置进行连接、分离；200kg 以下的卫星提供多种标准接口，如 POD、PSL、Lightband 等；小于 5kg 的标准立方星，通过 POD 装置进行星箭连接、分离，POD 装置可分为 1U、2U、3U、6U 等规格。

星箭匹配分析模型处理流程如图 5－2 所示，业务流程如下。

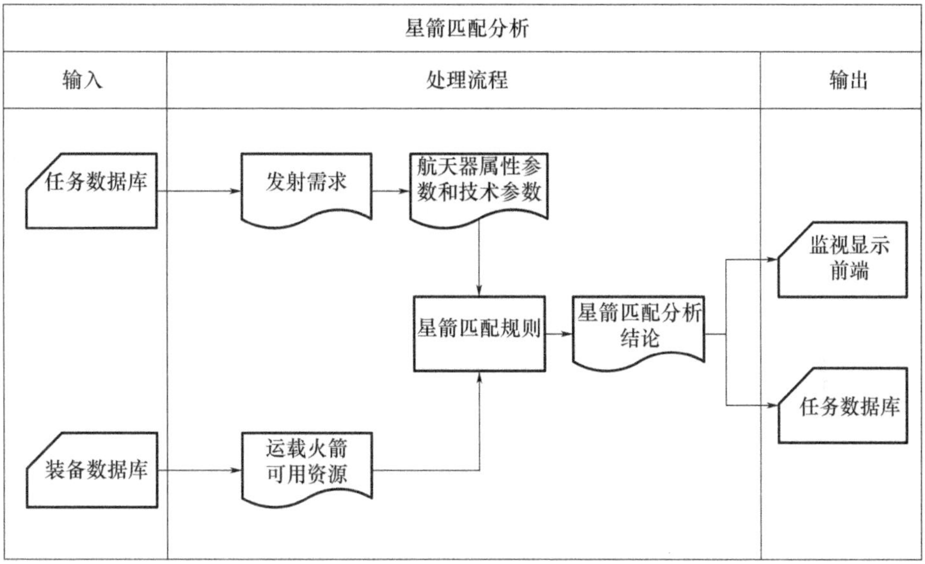

图 5－2　星箭匹配分析模型处理流程图

第 1 步：解析发射需求，包括卫星属性参数、技术参数、入轨要求、任务目标区域和任务时限等。

第 2 步：根据运载火箭可用资源，按照星箭匹配规则进行星箭匹配分析，匹配规则包括整流罩几何尺寸包络匹配、星箭机械接口匹配、星箭电气接口匹配等。

(2) 运载能力分析模型。运载能力分析模型通过载荷表进行查询，分析同轨道面的卫星是否可以使用一发运载火箭进行发射：如果可以，将卫星与运载火箭信息进行存储；如果不可以，将卫星分为两发运载火箭进行发射。迭代此逻辑，得出一个轨道面的卫星用多少发运载火箭进行发射，将数据存入数据库中，并将运载能力数据列表返回至运载能力分析模型，运载能力分析模型将列表返回至前端页面进行显示。运载能力分析模型处理流程如图 5－3 所示，业务流程如下。

第 1 步：解析发射需求，包括卫星属性参数、技术参数、入轨要求、任务目标区域和任务时限等。

第 2 步：根据运载火箭技术参数与战技指标，按照运载能力分析匹配规则进行运载能力分析，匹配规则为卫星质量、轨道高度、倾角等。

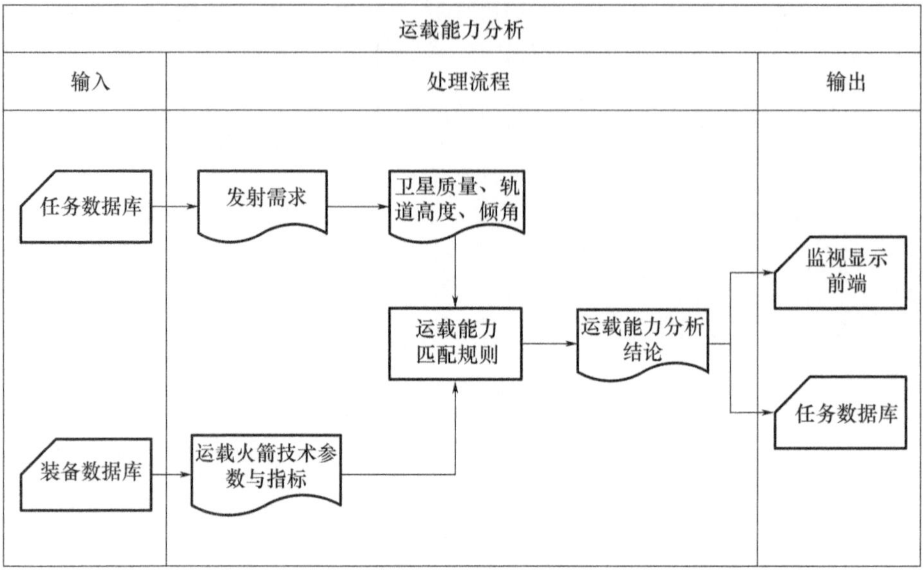

图 5－3　运载能力分析模型处理流程图

（3）执行任务能力分析模型。执行任务能力分析模型处理流程如图 5－4 所示，业务流程如下。

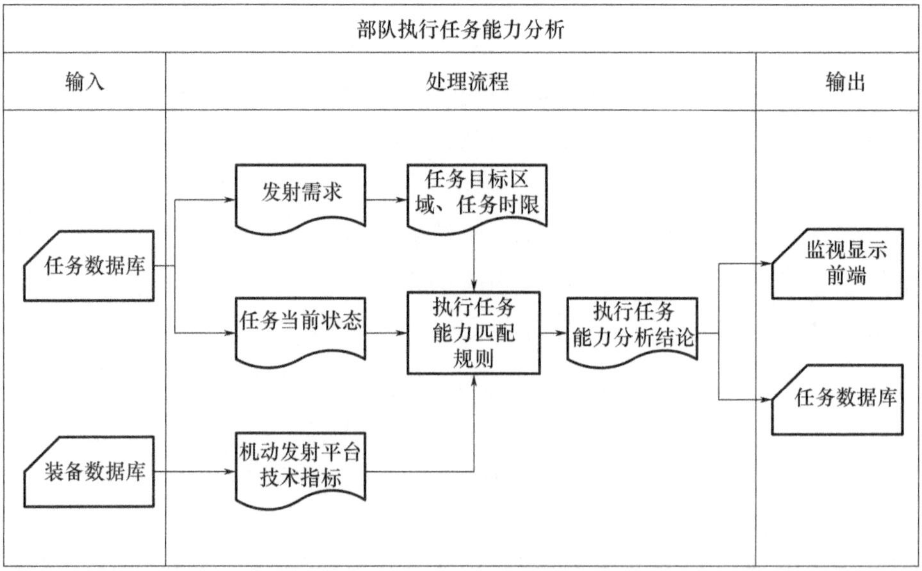

图 5－4　执行任务能力分析模型处理流程图

第 1 步：解析发射需求，包括卫星属性参数、技术参数、入轨要求、任务目标区域和任务时限等，获取任务当前状态，包括人员（岗位、定岗人数、在岗人数）、装备、厂房、工位、任务、保障等。

第 2 步：根据发射平台技术指标，按照执行任务能力匹配规则进行执行任务能力分析，匹配规则包括人员要求、装备要求、厂房要求和工位要求等。

2. 任务优先级分析模型

任务优先级分析模型处理流程如图 5－5 所示，业务流程如下。

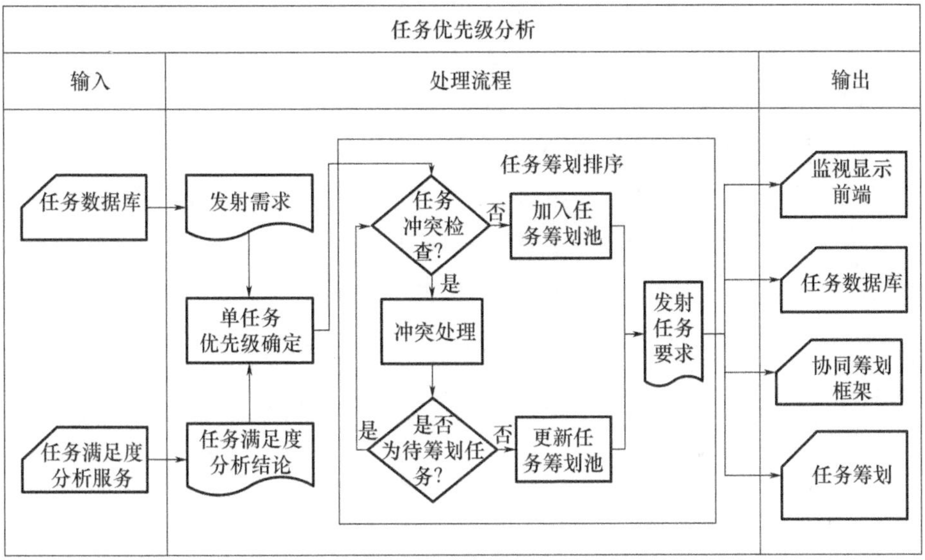

图 5－5 任务优先级分析模型处理流程图

第 1 步：解析发射需求，根据任务满足度分析结论，确定单任务优先级。

第 2 步：将待筹划任务与任务筹划池（包括高、中、低三级任务）中的任务基于时间和资源等要素条件进行冲突检查，若无冲突，则将其加入任务筹划池；若有冲突，给出冲突清单和可用的时间窗口，用于冲突处理。

第 3 步：冲突处理时，若待筹划任务可调整至可用的时间窗口内，则在调整后重新进行任务冲突检查；若待筹划任务为原池任务时，与原池任务负责方协商处理冲突，更新任务筹划池。

第 4 步：对任务筹划池冲突消解完毕并更新后，生成发射要求。

5.1.3 输入/输出

1. 模型输入

(1) 发射需求。

(2) 综合态势信息:包括测绘地理、气象水文、空间环境、空间目标、电磁环境、空间态势等。

(3) 任务当前状态:包括当前的人员、装备、任务、保障状态等,如运载火箭型号列装情况、发射能力及发射部署等。

(4) 装备数据库:包括运载火箭系统(运载火箭、机动发射平台、地面支持设备)的技术指标、属性参数和技术参数等,其中,运载火箭系统技术指标包括快速反应能力、可靠性、环境适应性等;运载火箭技术指标包括运载能力、入轨精度、星箭接口等;机动发射平台技术指标包括机动运输能力、自我保障能力等;地面支持设备技术指标包括总装对接设备、单元测试设备、综合测试设备等;运载火箭属性参数包括运载火箭名称、存放位置、整流罩尺寸、支架尺寸、数量、类型等;运载火箭技术参数包括初始质量参数、发动性能参数、气动参数、残骸气动参数等。

2. 模型输出

(1) 星箭匹配分析结论:包括包络分析结论、星箭机械接口匹配性分析结论等。

(2) 运载能力分析结论:包括运载火箭型号的选择建议等。

(3) 执行任务能力分析结论。

(4) 任务满足度分析结论。

(5) 任务优先级分析结论。

任务筹划(单项、综合)排序建议和任务要求(任务名称、类型、筹划优先级,卫星属性参数、技术参数及入轨要求,任务目标区域、时限等)。

3. 匹配规则

匹配分为3种情况:当星箭匹配分析结论、运载能力分析结论以及执行任务能力分析结论全部匹配,得到完全满足发射条件的结论;当星箭匹配分析结论和执行任务能力分析结论匹配,而运载能力不匹配时,此时需要根据运载能力分析结论得出的最大运载能力,并给出降级发射的建议;当星箭匹配分析结论和执行任务能力分析结论其中任何一个结论不满足匹配规则时，则给出取消发射建议。

5.2　发射方案生成模型

5.2.1　模型定义

发射方案生成模型包括发射弹道规划模型、发射任务编组模型和发射方案评估模型。

发射弹道规划模型是指根据发射要求、发射点位数据、运载火箭参数和综合态势信息等，开展运载能力优化、弹道解算和航落区分析，并采用网格化发射弹道规划方法，构建发射弹道规划数据库，同一组弹道支持动态范围适应能力，为发射测控和航落区安全性分析提供支撑。

发射任务编组模型是指根据发射要求、综合态势信息、任务当前状态和发射弹道规划数据库等，开展弹道初选、装备选型和任务分配，确定任务分配结果、发射弹道规划结果。

发射方案评估模型是指根据发射要求、备选方案、先验数据、发射方案评估关键要素模型、指标体系等，分析给出发射方案评估结果。

5.2.2　业务流程

1. 发射弹道规划模型

发射弹道规划模型主要针对设计出的星座构型，选择运载火箭，发射同一个轨道面的卫星。因此首先从星座中选取同一个轨道面拟发射入轨的卫星，根据发射窗口约束、运载能力约束，从固定发射点位或机动发射区域内初选出满足运载要求的发射点位；然后针对该次发射任务的轨道参数、发射点位，对运载火箭飞行弹道进行快速解算，得到射点射向、飞行时序、入轨点参数等。发射轨道规划模型处理流程如图5-6所示，业务流程如下。

第1步：确定每次发射部署的卫星，根据卫星质量、体积和所选运载火箭的运载能力、整流罩体积，判断运载火箭是否能够运载所选卫星，若不满足条件，则重新选择调整卫星。

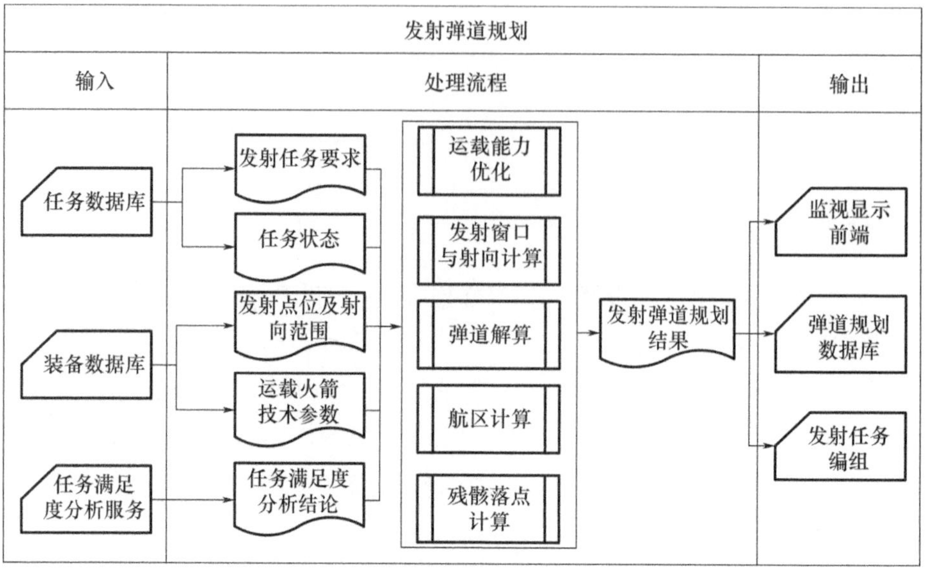

图 5-6　发射弹道规划模型处理流程图

第 2 步：计算发射窗口。若是顺行轨道且发射点纬度大于轨道倾角或是逆行轨道且发射点纬度大于(180°减轨道倾角)，则发射窗口不存在；若发射点纬度等于轨道倾角或等于(180°减轨道倾角)，则存在发射窗口；若发射点纬度小于轨道倾角或小于(180°减轨道倾角)，则存在两个发射窗口。计算出每个发射点位在指定天数内的发射窗口。

第 3 步：发射弹道解算。根据卫星轨道参数、发射点位，计算运载火箭飞行弹道，得到运载火箭射点射向、飞行时序、入轨点参数等。支持一箭多星的发射弹道规划，能够根据列装的运载火箭型号，综合考虑发射能力及任务部署，以及卫星数量、卫星选型和轨道方案等逐一计算运载火箭弹道，得到考虑安全性、发射窗口的弹道数据。

2. 发射任务编组模型

发射任务编组模型处理流程如图 5-7 所示，业务流程如下。

第 1 步：针对待编组任务结合发射窗口与射向计算结果和测绘地理信息进行航落区安全性匹配，包括基于对航落区是否穿越人口稠密地区、是否位于境外、是否安全等因素的分析匹配。

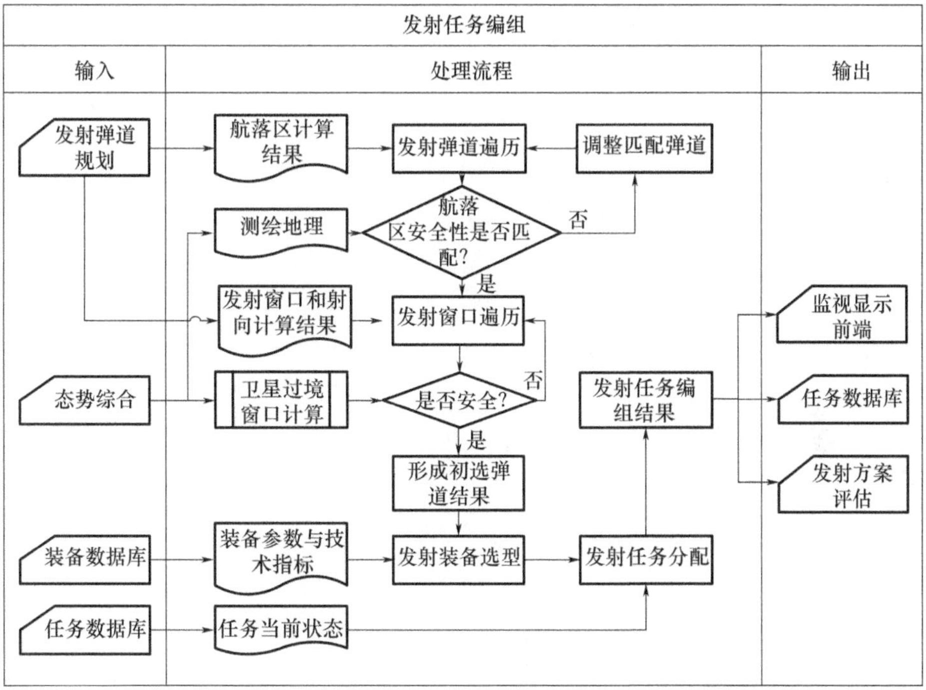

图5-7 发射任务编组模型处理流程图

第2步：完成航落区安全性匹配后，结合发射窗口、态势信息等，开展卫星过境窗口计算。

第3步：根据卫星过境窗口计算结果，判断发射单元任务预选点位是否安全，若不安全，则返回发射窗口分析，重新选择合适的发射窗口；若安全，则可形成初选弹道结果。

第4步：完成弹道初选后，在考虑发射成本、发射响应时间、运载能力余量、运载火箭型号列表等因素的基础上，结合装备参数与技术指标，进行发射装备的选型，得到运载火箭型号。

第5步：完成发射装备选型后，结合任务当前状态、弹道初选和运载火箭型号等，确定发射任务分队。

3. 发射方案评估模型

发射方案评估模型处理流程如图5-8所示，业务流程如下。

第 1 步：根据以下三项内容进行专家打分：发射任务编组结果、发射备选方案与先验数据（历史发射任务数据）匹配结果、发射方案评估指标体系。

第 2 步：完成专家打分后，形成发射方案评估结果以及首选和备选的发射方案，将备选的发射方案作为临机预案（方案层）。

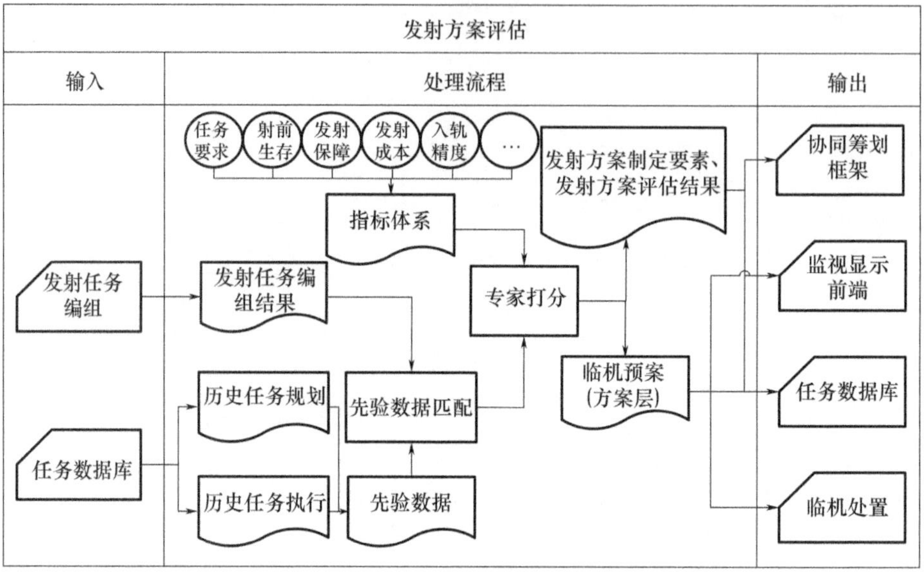

图 5－8　发射方案评估模型处理流程图

5.2.3　输入/输出

1. 发射弹道规划模型

（1）输入信息（表 5－1）。

表 5－1　发射弹道规划模型输入信息

序号	数据分类	数据内容
1	发射要求	
2	发射点位数据	实际发射点地理经度、地理纬度、海拔高度，以及运载火箭射向等
3	运载火箭参数	运载火箭初始质量参数、发动性能参数、气动参数、残骸气动参数等
4	综合态势信息	

（2）输出信息（表5-2）。

表5-2 发射弹道规划模型输出信息

序号	数据分类	数据内容
1	目标轨道对应运载能力	卫星目标轨道对应运载能力
2	各子级舱体残骸落区计算结果	子级舱体残骸（含整流罩）理论落点及其安全区对应4个角点经纬度，供数字地图使用
3	测控弹道数据	
4	航区中心线参数	运载火箭航区中心线，用于航区安全性分析
5	时间窗口	
6	发射弹道规划数据库	提供目标轨道对应运载能力、测控弹道数据、各子级舱体残骸落区计算结果、航区中心线参数和时间窗口等数据

2. 发射任务编组模型

（1）输入信息（表5-3）。

表5-3 发射任务编组模型输入信息

序号	数据分类	数据内容
1	发射弹道规划数据库	
2	发射要求	
3	任务当前状态	
4	综合态势信息	

（2）输出信息（表5-4）。

表5-4 发射任务编组模型输出信息

序号	数据分类	数据内容
1	任务分配结果	任务分队、运载火箭、卫星的分配编组结果等
2	发射弹道规划结果	测控弹道数据、航落区安全性分析结果等数据

3. 发射方案评估模型

(1) 输入信息(表5-5)。

表5-5 发射方案评估模型输入信息

序号	数据分类	数据内容
1	发射方案评估关键要素模型	任务分队、卫星和运载火箭编组等
2	发射方案评估指标体系	
3	备选方案	
4	先验数据	

(2) 输出信息(表5-6)。

表5-6 发射方案评估模型输出信息

序号	数据分类	数据内容
1	发射方案评估结果	

5.3 发射计划生成模型

5.3.1 模型定义

发射计划生成模型包括发射波次规划、任务布势分析、飞行诸元准备与生成、测控筹划、星箭装检筹划、机动筹划、通信保障筹划模型。

发射波次规划模型是指根据发射方案、发射弹道安全管道约束条件、发射时间窗口、当前状态和综合态势信息等,分析确定发射波次方案。

任务布势分析模型是指根据发射方案、发射保障能力、发射波次方案、任务当前状态和综合态势信息等,分析确定任务布势图。

飞行诸元准备与生成模型是指根据发射方案、发射点位数据、运载火箭参数、控制系统参数和综合态势信息等,开展运载能力优化、弹道计算、航落区分析和飞行诸元生成,针对预设发射点位、典型发射轨道和装备性能等,建立发射弹道计算数据库,为发射测控和航落区安全性分析提供支撑,并作为精确弹道解算的起算条件;针对发射任务,参考发射弹道计算数据库,分析计算精确弹道数据、飞行诸元和时间窗口等。

测控筹划模型是指根据发射方案、测控弹道数据、发射点位数据、测控站信息等,分析确定首区测控方案、航区测控需求。

星箭装检筹划模型是指根据发射方案、运载火箭装检需求和测试厂房数据等,分析确定星箭装检方案。

机动筹划模型是指根据发射方案、发射点位交通路网信息、发射单元车辆性能信息和机动路线需求等,开展机动路线规划、机动安全时间窗口分析,确定机动转进方案。

通信保障筹划模型是指根据发射方案、通信资源信息及通信手段技术体制等,分析提出通信保障需求。

5.3.2　业务流程

1. 发射波次规划模型

发射波次规划模型处理流程如图 5 - 9 所示,业务流程如下。

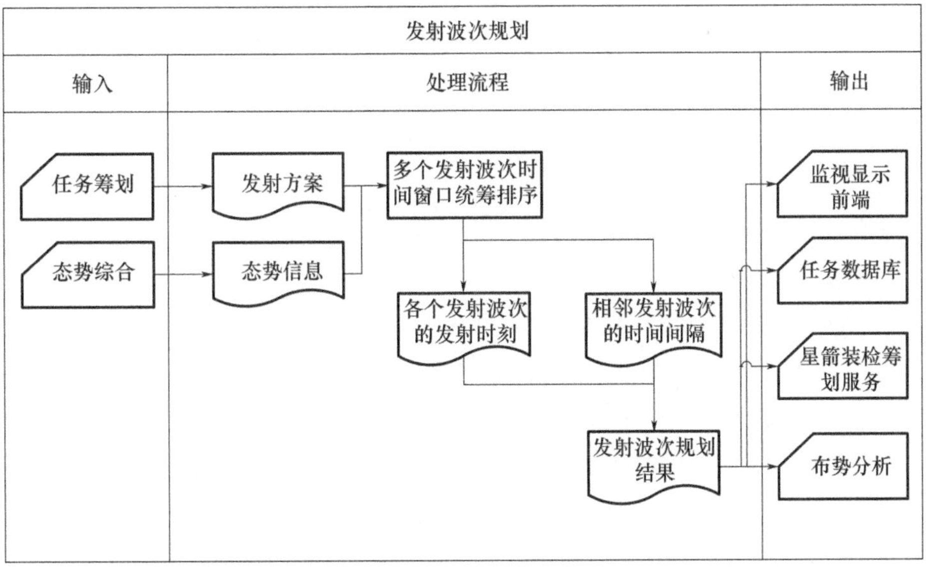

图 5 - 9　发射波次规划模型处理流程图

第 1 步：获取发射方案、发射窗口和运载火箭射向等信息。

第 2 步：结合发射方案以及空间目标和气象水文等态势信息，完成多个发射波次时间窗口统筹排序，最终确定各个发射波次的发射时刻和相邻发射波次的时间间隔，形成发射波次方案。

2. 任务布势分析模型

任务布势分析模型处理流程如图 5－10 所示，业务流程如下。

第 1 步：根据发射波次方案、综合态势信息等，生成任务布势图元，如发射单元、人员、弹道路径、事件、点位等。

第 2 步：在数字地球中进行地图标绘，形成任务布势图。

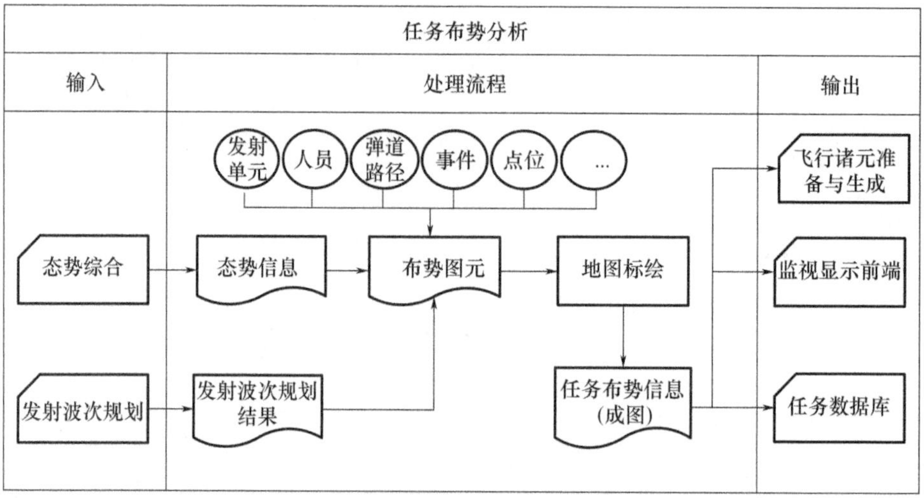

图 5－10　任务布势分析模型处理流程图

3. 测控筹划模型

测控筹划模型处理流程如图 5－11 所示，业务流程如下。

第 1 步：获取测控弹道数据、测控设备点位坐标和技术参数、箭载测控合作目标参数、运载火箭测控时段要求等信息。

第 2 步：根据测控弹道数据、测控设备点位坐标和技术参数、箭载测控合作目标参数等信息，开展运载火箭测控分析计算，得出测控任务弧段计算结果和箭载天线方向图计算结果。

第 3 步：根据箭载测控合作目标参数、运载火箭测控时段要求等信息，与测控任务弧段计算结果和箭载天线方向图计算结果进行比对判断，若满足运载火箭测控时段要求，则输出首区测控筹划结果和航区测控筹划结果，同时将航区测控筹划结果转换为航区测控需求，若不满足运载火箭测控时段要求，则更换测控设备点位坐标，直至满足运载火箭测控时段要求为止。

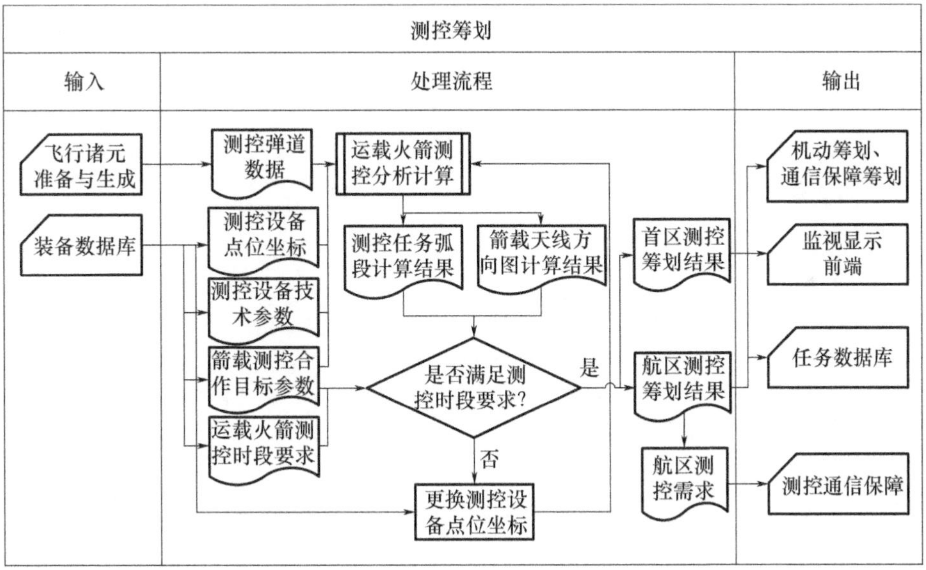

图 5－11　测控筹划模型处理流程图

4. 星箭装检筹划模型

星箭装检筹划模型处理流程如图 5－12 所示，业务流程如下。

第 1 步：根据发射波次规划方案、星箭装检典型工作流程以及厂房、工位、任务、人员数量与空闲时间等信息，统筹得到装检时限和装检工序与耗时。

第 2 步：根据关键路径法等进行计划编制，计划编制可产生星箭装配时序与总耗时，厂房、工位、人员等资源使用情况。

5. 机动筹划模型

机动筹划模型处理流程如图 5－13 所示，业务流程如下。

第 1 步：获取发射方案、测控筹划结果、发射单元车辆信息、点位交通路网信息。

第 2 步：得到各发射单元车辆的起始点位和目标点位，在数字地球上进行机动路线规划，得到机动路线集。

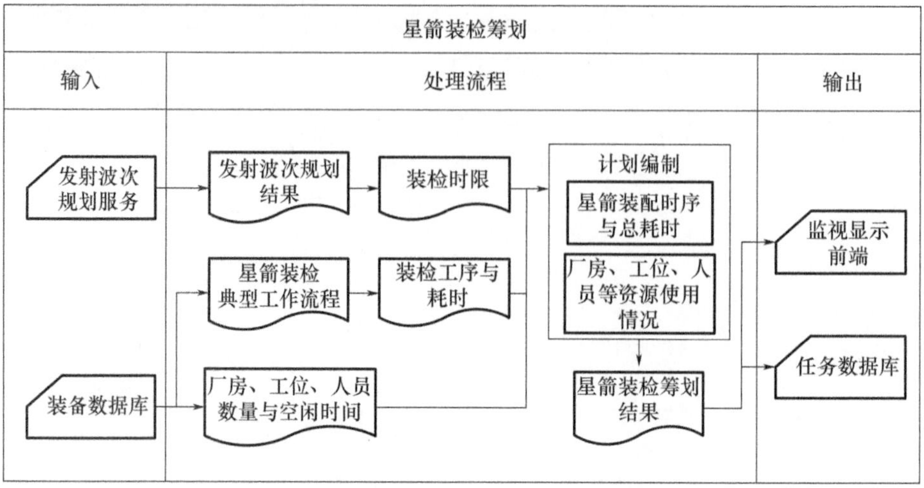

图 5－12　星箭装检筹划模型处理流程图

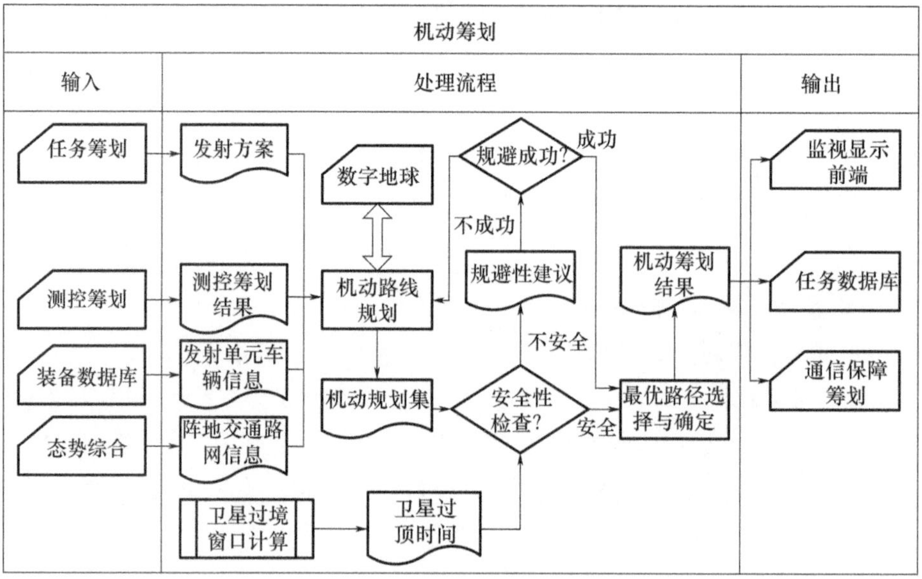

图 5－13　机动筹划模型处理流程图

第 3 步：利用卫星过境窗口计算结果，对机动路线集进行安全性检查，检查结果分为两种：若检查结果不安全，则给出规避建议，并判断规避是否能够成功，若成功，则选择和确定最优路径，若不成功，则重新进行机动路线规划；若安全，则选择和确定最优路径。

6. 通信保障筹划模型

通信保障筹划模型处理流程如图 5－14 所示,业务流程如下。

第 1 步：获得测控设备、测发控设备等任务装备的具体点位信息,以及可用的通信资源信息。

第 2 步：结合以上两方面信息,进行各任务装备的通信资源选择,通信资源包括有线、无线、卫通、微波、短波和通信频率等,生成通信保障需求。

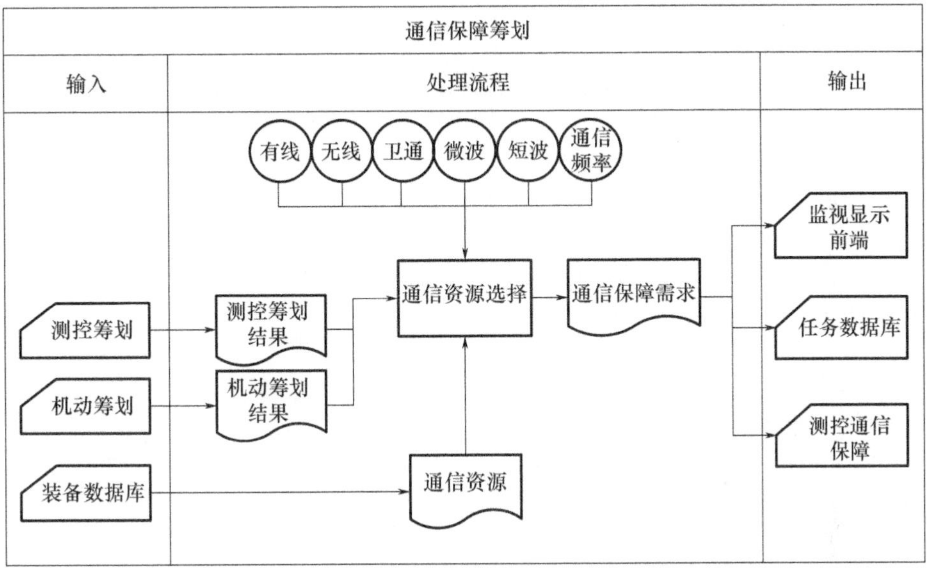

图 5－14　通信保障筹划模型处理流程图

5.3.3　输入/输出

1. 发射波次规划模型

(1) 输入信息(表 5－7)。

表 5－7　发射波次规划模型输入信息

序号	数据分类	数据内容
1	发射方案	
2	任务当前状态	
3	发射弹道安全管道约束条件	考虑弹道交叉情况

续表

序号	数据分类	数据内容
4	发射时间窗口	多波次发射时间要求等
5	综合态势信息	

（2）输出信息（表5-8）。

表5-8　发射波次规划模型输出信息

序号	数据分类	数据内容
1	发射波次方案	各波次任务分配结果、卫星发射时间窗口及间隔等

2. 任务布势分析模型

（1）输入信息（表5-9）。

表5-9　任务布势分析模型输入信息

序号	数据分类	数据内容
1	任务当前状态	
2	综合态势信息	
3	发射波次方案	
4	发射方案	

（2）输出信息（表5-10）。

表5-10　任务布势分析模型输出信息

序号	数据分类	数据内容
1	任务布势图	各发射单元、发射点位与发射任务的对应关系

3. 飞行诸元准备与生成模型

（1）输入信息（表5-11）。

表5-11　飞行诸元准备与生成模型输入信息

序号	数据分类	数据内容
1	发射方案	
2	发射点位数据	

续表

序号	数据分类	数据内容
3	运载火箭参数	
4	控制系统参数	运载火箭各级姿控设计网络、制导设计参数等
5	综合态势信息	

(2) 输出信息(表5-12)。

表5-12　飞行诸元准备与生成模型输出信息

序号	数据分类	数据内容
1	测控弹道数据	
2	各子级舱体残骸落区计算结果	
3	航区中心线参数	
4	飞行诸元	弹道诸元、控制系统诸元和组合导航诸元等
5	精确弹道数据	
6	时间窗口	
7	弹道计算数据库	测控弹道数据、各子级舱体残骸落区计算结果、航区中心线参数、飞行诸元、精确弹道数据、时间窗口

4. 测控筹划模型

(1) 输入信息(表5-13)。

表5-13　测控筹划模型输入信息

序号	数据分类	数据内容
1	测控弹道数据	
2	发射点位数据	
3	测控站信息	测控站点位信息、测控设备性能参数等
4	发射方案	

（2）输出信息（表5－14）。

表5－14　测控筹划模型输出信息

序号	数据分类	数据内容
1	首区测控方案	选用的地面站及测控车部署点位等信息
2	航区测控需求	

5. 星箭装检筹划模型

（1）输入信息（表5－15）。

表5－15　星箭装检筹划模型输入信息

序号	数据分类	数据内容
1	运载火箭装检需求	运载火箭的典型装检测试流程、工序要求、工作时限要求等
2	测试厂房数据	厂房与工位数量、状态、测试能力等
3	发射方案	

（2）输出信息（表5－16）。

表5－16　星箭装检筹划模型输出信息

序号	数据分类	数据内容
1	星箭装检方案	厂房中星箭装检的各工序时间、装检任务的总时间，以及多厂房、多星箭的工序安排等

6. 机动筹划模型

（1）输入信息（表5－17）。

表5－17　机动筹划模型输入信息

序号	数据分类	数据内容
1	发射点位交通路网信息	道路等级、坡度、硬度、宽度、转弯半径等数据
2	发射车辆性能信息	发射单元中所有车辆的行驶速度、最大行驶距离、车辆转弯半径等
3	机动线路需求	需要机动的车辆起点和终点位置信息，以及卫星临空信息
4	发射方案	

（2）输出信息（表 5－18）。

表 5－18　机动筹划模型输出信息

序号	数据分类	数据内容
1	机动转进方案	发射单元机动路线、机动安全时间窗口的优化建议等

7. 通信保障筹划模型

（1）输入信息（表 5－19）。

表 5－19　通信保障筹划模型输入信息

序号	数据分类	数据内容
1	发射点位通信资源信息	各个层级具体包含的通信设备，如光纤、被复线、短波、超短波、卫星通信等
2	发射通信手段技术体制	各个层级的通信设备的频段、通信激励、传输容量、覆盖范围等
3	发射方案	

（2）输出信息（表 5－20）。

表 5－20　通信保障筹划模型输出信息

序号	数据分类	数据内容
1	通信保障方案	通过可视化方式完成通信网络的资源、拓扑、配置管理等

5.4　任务可行性分析模型

5.4.1　模型定义

任务可行性分析模型是指统筹分析当前的测试发射、测控通信、后勤保障、综合态势等能力条件，仿真分析按照发射计划实施发射任务的可行性。

任务可行性分析模型利用概念建模框架，实现发射行动推演和计划评估。一是为所需的发射概念模型提供基础框架，能够紧密结合航天快响发射运载火箭任务，利用 EATI（实体、行动、交互、任务）的仿真概念建模方法，建立发射概念模型，为任务背景下不同约束的发射流程仿真推演和发射计划评估提供支撑；二是基于发射基础数据和动态态势，依据发射计划完成仿真想定编辑及试验设计，推演发射行动，对发射行动的可行性、完成度进行分析；三是构建发射计划评估指标体系，利用仿真推演结果数据对发射行动进行量化评估分析，为单套发射计划修订提供参考。

5.4.2 业务流程

任务可行性分析模型主要分为作业任务接收、发射想定浏览、推演任务管理、评估指标体系构建、评估结果生成等功能，任务可行性分析模型业务流程如图 5-15 所示。

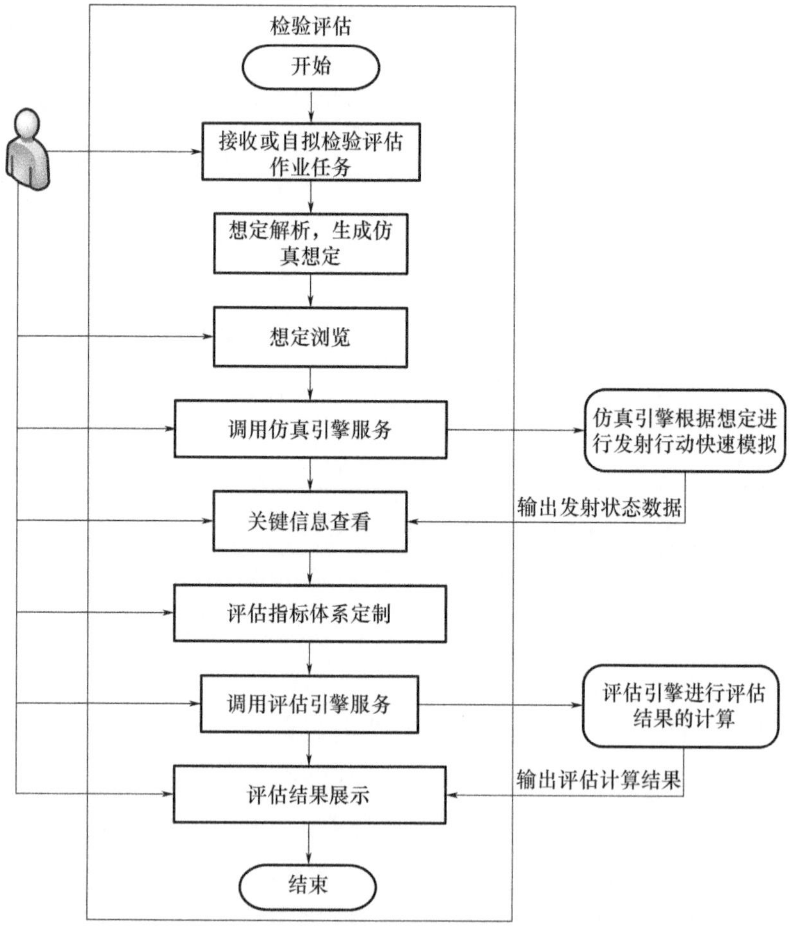

图 5-15　任务可行性分析模型业务流程图

第 1 步：接收或自拟评估作业，创建评估任务。

第 2 步：自动解析任务想定数据，生成仿真想定，并在态势图上进行展示。

第 3 步：对想定内容进行浏览查看。

第 4 步：调用仿真引擎服务，启动发射计划的仿真推演。

第 5 步：仿真引擎服务驱动实体仿真模型进行发射行动模拟，并推送任务状态、运载火箭发射、卫星入轨、星座组网运行等关键事件，并对推演过程数据进行采集保存。

第 6 步：通过图表等方式将关键事件进行统计并展示。

第 7 步：推演结束后，利用已有评估指标体系或对评估指标体系定制修改后，启用评估引擎服务进行发射计划的评估。

第 8 步：对各发射任务的评估结果进行浏览查看并进行成果提交。

5.4.3　输入/输出

1. 信息输入

（1）实体模型：包括空间运输装备、测试发射装备、测量控制装备、指挥通信装备、后勤保障装备等。

（2）行动模型：包括任务准备、机动行进、点位展开、准时发射、部队撤收、机动返回等行动模型。

（3）环境模型：包括点位环境、任务布势、空间态势、航区和残骸理论落区分布等环境模型。

（4）任务分队能力条件：包括发射分队当前任务状态、测控通信分队任务能力状态、后勤保障分队能力条件等。

（5）计划文书：包括情况判断结论、发射意图及发射任务、任务布势、发射实施、指挥协同、发射保障等内容。

（6）计划评估模型与指标。

（7）行动规划结果数据：包括发射波次、任务布势、精确弹道数据、飞行诸元、时间窗口、首区测控、航区测控、星箭装检、机动路线、通信保障等内容。

（8）综合态势信息。

2. 信息输出

（1）任务仿真推演：运载火箭、卫星、发射车、任务分队等实体的仿真推演等。

（2）可行性分析结论。

第 6 章 快响发射规划仿真计算模型

6.1 发射弹道计算模型

发射弹道计算是根据某型多级运载火箭数学模型进行从运载火箭发射到卫星进入轨道指定入轨点整个流程的优化设计,支持根据发射点和卫星入轨点对运载火箭的发射轨道进行优化控制,并且提供运载火箭发射残骸落区计算。

6.1.1 发射弹道计算问题的描述

针对多级运载火箭数学模型,发射弹道计算模型需要对如下 7 个关键的优化发射参数进行迭代计算:第 1、2、3、4 线性下降段下降速率 a_1、a_2、a_3、a_4,发射射向角(单位:rad)AT,发射点大地纬度(单位:rad)BT,发射点大地经度(单位:rad)$LamT$。

需要将如下 5 个关键的目标参数进行加权累加用于优化过程中的总代价函数计算:轨道半长轴偏差(单位:m)Da,轨道偏心率偏差 De,入轨点当地弹道倾角偏差（单位：(°)）*Delta_Ddtheta*，轨道高度偏差（单位：m）*Dh*，轨道倾角偏差（单位：(°)）*Di*。

采用基于 Isight 优化软件包和基于 Snopt 优化工具箱这两种方法进行发射弹道的优化计算。这两种方法都使用了 Matlab 计算引擎进行优化计算处理，针对某型多级运载火箭数学模型中 7 个关键参数进行迭代计算，通过在多维空间范围内搜索或接近总代价函数的最小值，从而完成对 5 个关键目标参数的优化处理。

6.1.2　发射弹道计算的基本流程

1. 主流程

发射弹道计算根据射点射向范围、控制参数范围、卫星轨道根数，计算发射弹道及入轨点轨道根数，通过与目标轨道根数比较，反复迭代得到入轨精度最优的射点射向、运载火箭控制参数数值，并输出运载火箭发射弹道、射点射向、发射窗口、飞行时序、入轨点参数等信息，具体步骤如下。

第 1 步：初始化。

第 1.1 步：输入参数初始化。

第 1.2 步：多级运载火箭通用系数初始化。

第 1.3 步：发射坐标系下的速度、坐标矢量初始化。

第 2 步：根据发射坐标系位移矢量转换到地心大地笛卡儿坐标系位移矢量。

第 3 步：根据高度计算空气系数。

第 4 步：根据发射坐标系速度矢量计算弹道倾角和弹道偏角。

第 5 步：根据优化参数设置俯仰程序角。

第 6 步：设置俯仰偏航角和程序滚动角。

第 7 步：分级处理。

第 7.1 步：计算飞行器质量。

第 7.2 步：根据攻角、侧滑角计算流程计算攻角和侧滑角。

第 7.3 步：根据发动机等效俯仰摆角和等效偏航摆角计算箭体坐标系下的推力分量，并根据速度坐标系与箭体坐标系之间矢量变换流程计算速度坐标系下的推力分量。

第 7.4 步：计算速度坐标系下（阻力，升力，侧力），并根据速度坐标系与箭体坐标系之间矢量变换流程计算箭体坐标系下(阻力,升力,侧力)。

第7.5步:根据倾侧角计算流程计算发射坐标系下的倾侧角。

第8步:初始计算

第8.1步:计算箭体坐标系视加速度矢量。

第8.2步:计算速度坐标系的3个方向合力。

第8.3步:计算科里奥利力和计算牵连惯性力。

第8.4步:计算修正重力加速度。

第8.5步:计算发射坐标系到速度坐标系的转换矩阵。

第8.6步:计算运载火箭在发射坐标系中的加速度矢量。

第8.7步:计算运载火箭在发射坐标系中的速度矢量和位移矢量。

第8.8步:计算当地弹道倾角、入轨点经度、入轨点大地纬度。

第9步:根据卫星轨道根数计算流程计算卫星轨道根数。

第10步:判读是否在时间范围内,是则转入第11步,否则转入第2步。

第11步:返回代价函数值。

2. 攻角、侧滑角计算流程

第1步:设定输入值,包括俯仰角、偏航角、滚动角、弹道倾角、弹道偏角。

第2步:计算侧滑角。

第2.1步:计算侧滑角正弦值等于sin(偏航角)×cos(滚动角)×cos(弹道偏角)×cos(俯仰角−弹道倾角)+sin(滚动角)×cos(弹道偏角)×sin(俯仰角−弹道倾角)−cos(偏航角)×cos(滚动角)×sin(弹道偏角)。

第2.2步:如果侧滑角正弦值绝对值大于1,则令侧滑角正弦值等于1。

第2.3步:通过asin(侧滑角正弦值)求解侧滑角。

第3步:计算攻角:

第3.1步:计算攻角正弦值等于−1/cos(侧滑角)×(sin(偏航角)×sin(滚动角)×cos(弹道偏角)×cos(俯仰角−弹道倾角)−cos(滚动角)×cos(弹道偏角)×sin(俯仰角−弹道倾角)−cos(偏航角)×sin(滚动角)×sin(弹道偏角))。

第3.2步:计算攻角余弦值等于1/cos(侧滑角)×(cos(偏航角)×cos(弹道偏角)×cos(俯仰角−弹道倾角)+sin(偏航角)×sin(弹道偏角))。

第3.3步:如果攻角正弦值大于1,则令攻角正弦值等于1;如果攻角余弦值大于1,则令攻角余弦值等于1。

第3.4步:如果攻角正弦值大于等于0,且攻角余弦值大于等于0,则计算攻角等于arcsin(攻角正弦值);如果攻角正弦值大于等于0,且攻角余弦值小于0,则计算攻角等于arccos(攻角余弦值);如果攻角正弦值小于0,且攻角余弦值小于等于0,则计算攻角等于-arccos(攻角余弦值);如果攻角正弦值小于0,且攻角余弦值大于0,则计算攻角等于arcsin(攻角正弦值)。

第4步:输出攻角、侧滑角。

3. 速度与箭体坐标系矢量变换流程

第1步:设定输入值,包括待变换矢量、攻角、侧滑角、标志位。其中,如果标志位为1,则代表待变换矢量由箭体坐标系变换到速度坐标系;如果标志位为0,则代表待变换矢量由速度坐标系变换到箭体坐标系。

第2步:计算经坐标系变换后的变换矢量。如果标志位为1,经坐标系变换后的变换矢量等于变换逆矩阵×待变换矢量,否则等于变换矩阵×待变换矢量,其中,变换矩阵为

$$\begin{bmatrix} \cos(\text{侧滑角})\times\cos(\text{攻角}) & \sin(\text{攻角}) & -\sin(\text{侧滑角})\times\cos(\text{攻角}) \\ -\cos(\text{侧滑角})\times\sin(\text{攻角}) & \cos(\text{攻角}) & \sin(\text{侧滑角})\times\sin(\text{攻角}) \\ \sin(\text{侧滑角}) & 0 & \cos(\text{侧滑角}) \end{bmatrix}$$

第3步:输出经坐标系变换后的变换矢量。

4. 倾侧角计算流程

第1步:设定输入值,包括3个姿态角(俯仰角、偏航角、滚动角)、弹道倾角、弹道偏角、侧滑角。

第2步:计算倾侧角正弦值等于1/cos(侧滑角)×(sin(滚动角)×cos(俯仰角-弹道倾角)-sin(偏航角)×cos(滚动角)×sin(俯仰角-弹道倾角))。

第3步:计算倾侧角余弦值等于1/cos(侧滑角)×(sin(偏航角)×cos(滚动角)×cos(俯仰角-弹道倾角)×sin(弹道偏角)+sin(滚动角)×sin(弹道偏角)×sin(俯仰角-弹道倾角)+cos(偏航角)×cos(滚动角)×cos(弹道偏角))。

第4步:如果倾侧角正弦值大于1,则令倾侧角正弦值等于1;如果倾侧角余弦值大于1,则令倾侧角正弦值等于1。

第5步:如果倾侧角正弦值大于等于0,且倾侧角余弦值大于等于0,则计算倾侧角等于asin(倾侧角正弦值);如果倾侧角正弦值大于等于0,且倾侧角余弦值小

于0,则计算倾侧角等于 arccos (倾侧角余弦值);如果倾侧角正弦值小于0,且倾侧角余弦值小于等于0,则计算倾侧角等于 – arccos(倾侧角余弦值);如果倾侧角正弦值小于0,且倾侧角余弦值大于0,则计算倾侧角等于 arcsin(倾侧角正弦值)。

第 6 步:输出倾侧角。

5. 卫星轨道根数计算流程

(1)输入参数:发射坐标系位移矢量、发射坐标系速度矢量、发射射向角、发射点大地纬度、发射点大地经度、发射坐标系初始位移矢量、时间。

(2)输出参数:半长轴、偏心率、轨道倾角、平近点角、近地点幅角、升交点地理经度、轨道周期、半短轴、远地点到地心距离、近地点到地心距离、绝对速度当地弹道倾角、偏近点角、真近点角、地心赤道惯性坐标系位移矢量、地心赤道惯性坐标系速度矢量。

(3) 常量:地心引力常数等于 3.986005×10^{14},地球自转角速度等于 7.292115×10^{-5},椭球体扁率等于 0.00335281。

第 1 步:利用发射坐标系位移矢量、发射射向角、发射点大地经度、发射点大地纬度、发射坐标系发射点位置矢量、时间、发射坐标系速度矢量,计算发射惯性坐标系速度、位移矢量。

第 2 步:利用发射惯性坐标系位移矢量、发射射向角、发射点大地纬度、发射惯性坐标系速度矢量,计算地心发射惯性坐标系的速度、位移矢量。

第 3 步:在地心发射惯性坐标系下,计算地心发射惯性坐标系速度、位移、动量矩大小,绝对速度当地弹道倾角。

第 3.1 步:地心发射惯性坐标系动量矩 X 分量等于地心发射惯性坐标系位移 Y 分量 × 地心发惯系速度 Z 分量 – 地心发射惯性坐标系位移 Z 分量 × 地心发射惯性坐标系速度 Y 分量。

第 3.2 步:地心发射惯性坐标系动量矩 Y 分量等于地心发射惯性坐标系位移 Z 分量 × 地心发惯系速度 X 分量 – 地心发射惯性坐标系位移 X 分量 × 地心发射惯性坐标系速度 Z 分量。

第 3.3 步:地心发射惯性坐标系动量矩 Z 分量等于地心发射惯性坐标系位移 X 分量 × 地心发惯系速度 Y 分量 – 地心发射惯性坐标系位移 Y 分量 × 地心发射惯性坐标系速度 X 分量。

第 3.4 步:绝对速度当地弹道倾角等于 arcsin((地心发射惯性坐标系位移 X

分量×地心发射惯性坐标系速度 X 分量+地心发射惯性坐标系位移 Y 分量×地心发射惯性坐标系速度 Y 分量+地心发射惯性坐标系位移 Z 分量×地心发射惯性坐标系速度 Z 分量)/(地心发射惯性坐标系位移大小×地心发惯系速度大小))。

第4步:利用地心发射惯性坐标系速度矢量、发射射向角,发射点大地纬度计算地心赤道惯性坐标系速度矢量;利用地心发射惯性坐标系位移矢量、发射射向角,发射点大地纬度计算地心赤道惯性坐标系位移矢量;利用地心发射惯性坐标系动量矩,发射射向角,发射点大地纬度计算地心赤道惯性坐标系动量矩。

第5步:计算半长轴、偏心率、轨道倾角。其中

第5.1步:半长轴等于地心发惯系位移/(2-地心发射惯性坐标系位移×地心发射惯性坐标系速度^2/地心引力常数)。

第5.2步:偏心率等于sqrt(1-(2-地心发惯系位移×地心发射惯性坐标系速度^2/地心引力常数)×(地心发射惯性坐标系位移×地心发射惯性坐标系速度^2/地心引力常数)×cos(绝对速度当地弹道倾角)×cos(绝对速度当地弹道倾角))。

第5.3步:轨道倾角等于arccos(地心赤道惯性坐标系动量矩 z 分量/地心发射惯性坐标系动量矩大小)。

第6步:计算升交点地理经度。首先,令中间变量sin_omega0等于地心赤道惯性系动量矩 X 分量/sqrt(地心赤道射惯性坐标系动量矩 X 分量^2+地心赤道惯性坐标性系动量矩 Y 分量^2),中间变量cos_omega0等于地心赤道惯性坐标系动量矩 Y 分量^2)-地心赤道惯性坐标系动量矩 Y 分量/sqrt(地心赤道惯性坐标系动量矩 X 分量^2。其次,分以下4种情况。

第6.1步:如果sin_omega0≥0且cos_omega0≥0,则令中间变量omega0等于arctan(-地心赤道惯性坐标系动量矩 X 分量/地心赤道惯性坐标系动量矩 Y 分量)。

第6.2步:如果sin_omega0≥0且cos_omega0<0,则令omega0等于π+atan(-地心赤道惯性坐标系动量矩 X 分量/地心赤道惯性坐标系动量矩 Y 分量)。

第6.3步:如果sin_omega0<0且cos_omega0≥0,则令omega0等于arctan(-地心赤道惯性坐标系动量矩 X 分量/地心赤道惯性坐标系动量矩 Y 分量)。

第6.4步:如果sin_omega0<0且cos_omega0<0,则令omega0=arctan(-地心赤

道惯性坐标系动量矩 X 分量/地心赤道惯性坐标系动量矩 Y 分量) $-\pi$。

最后,令升交点地理经度等于 omega0 + 发射点大地经度 - 地球自转角速度 × 时间,如果升交点地理经度大于等于 π 且小于等于 2π,则令升交点地理经度等于升交点地理经度 -2π。

第 7 步:计算椭圆半通径,椭圆半通径等于半长轴 ×(1 - 偏心率^2)。

第 8 步:计算真近点角。计算真近点角余弦等于(椭圆半通径 - 地心发惯系位移大小)/(偏心率 × 地心发射惯性坐标系位移大小),如果绝对速度当地弹道倾角大于等于 0,则令真近点角等于 arccos(真近点角余弦),否则,令真近点角等于 - arccos(真近点角余弦)。

第 9 步:计算近地点幅角。

第 9.1 步:令中间变量 cos_thetas 等于(地心赤道惯性系位移 X 分量 × cos(omega0) + 地心赤道惯性坐标系位移 Y 分量 × sin(omega0))/地心发射惯性坐标系位移大小。

第 9.2 步:如果地心赤道惯性坐标系位移 Z 分量大于等于 0,则令中间变量 theta_s 等于 acos(cos_thetas),否则令 theta_s 等于 2π - acos(cos_thetas)。

第 9.3 步:令近地点幅角等于 theta_s - 真近点角。

第 10 步:计算偏近点角、平近点角、半短轴、远地点到地心的距离、近地点到地心距离、卫星星下点地心纬度、卫星星下点到地心距离、近地点到其星下点地面的高度、远地点到其星下点地面的高度、轨道周期。其中

第 10.1 步:偏近点角等于 2 × atan(sqrt((1 - 偏心率)/(1 + 偏心率)) × tan(真近点角/2))。

第 10.2 步:平近点角等于偏近点角 - 偏心率 × sin(偏近点角)。

第 10.3 步:半短轴等于半长轴 × sqrt(1 - 偏心率^2)。

第 10.4 步:远地点到地心的距离等于半长轴 ×(1 + 偏心率)。

第 10.5 步:近地点到地心的距离等于半长轴 ×(1 - 偏心率)。

第 10.6 步:卫星星下点地心纬度等于 arcsin(sin(近地点幅角) × sin(轨道倾角))。

第 10.7 步:卫星星下点到地心距离等于(1 - 椭球体扁率) × 椭球体扁率/sqrt(1 +(椭球体扁率 - 2) × 椭球体扁率 × cos(卫星星下点地心纬度) × cos(卫星星下点地心纬度))。

第10.8步：近地点到其星下点地面的高度等于近地点到地心距离 - 卫星星下点到地心距离。

第10.9步：远地点到其星下点地面的高度等于远地点到地心距离 - 卫星星下点到地心距离。

第10.10步：轨道周期等于 $2\pi \times \text{sqrt}$(半长轴^3/地心引力常数)。

6.2　运载火箭测控分析计算模型

6.2.1　运载火箭跟踪性能计算模型

运载火箭跟踪性能计算的主要任务是根据运载火箭飞行弹道和地面设备配置布局，计算测控站与运载火箭之间的距离 R、方位角 A 和俯仰角 E，以确定并提出地面各参试测控站在飞行任务过程中能够可靠、稳定工作的实际任务弧段。运载火箭跟踪性能一般采用测量坐标系中(R,A,E)随时间的变化曲线来描述。

测量坐标系分为垂线和法线两种。垂线测量坐标系定义为：测量设备中心 O_H 为坐标原点；Y_H 轴与 O_H 的地球椭球面铅垂线重合，指向椭球面外；X_H轴与Y_H轴垂直，指向天文北（O_H的天文子午面与水平面的交线）方向；Z_H轴与X_H轴、Y_H轴构成右手坐标系。法线测量坐标系定义为：测量设备中心O_N为坐标原点；Y_N轴与O_N的地球椭球面法线重合，指向椭球面外；X_N轴与Y_N轴垂直，指向大地北（O_N的大地子午面与含O_N且垂直于法线的平面的交线）方向；Z_N轴与X_N轴、Y_N轴构成右手坐标系。

运载器的弹道参数和姿态角是在发射坐标系中定义的。定义O_F为发射坐标系坐标原点，X_F轴位于水平面内，指向目标点方向（O_F至目标点的照准面与水平面的交线），Y_F轴与O_F的地球椭球面铅垂线重合，指向椭球面外（天顶方向），Z_F轴与X_F轴、Y_F轴构成右手坐标系。定义发射方位角 A_f 为X_F轴与发射点天文子午面的夹角，发射点天文纬度φ_F为Y_F轴与赤道面的夹角，天文经度λ_F为天文子午面与格林尼治起始子午面的夹角。

天文坐标(λ,φ)属于铅垂线坐标系；大地坐标(L,B)是以地球椭球面为参考面的，属于法线坐标系。铅垂线与法线之间的夹角称为垂线偏差，一般用它在子午面和卯酉面中的分量 ξ 和 η 来表示。

运载火箭的姿态角一般采用俯仰角 φ、偏航角 ψ 和滚动角 γ 来表示。俯仰角 φ 定义为运载火箭纵轴 OX 在发射坐标系 $X_F O_F Y_F$ 平面上的投影 $O'X'$ 与 X_F 轴的夹角,偏航角 ψ 定义为运载火箭纵轴 OX 与发射坐标系 $X_F O_F Y_F$ 平面的夹角,滚动角 γ 定义为运载火箭纵轴 OX 的铅垂面与纵对称面(Ⅰ、Ⅲ舵面)的夹角,如图 6-1所示。

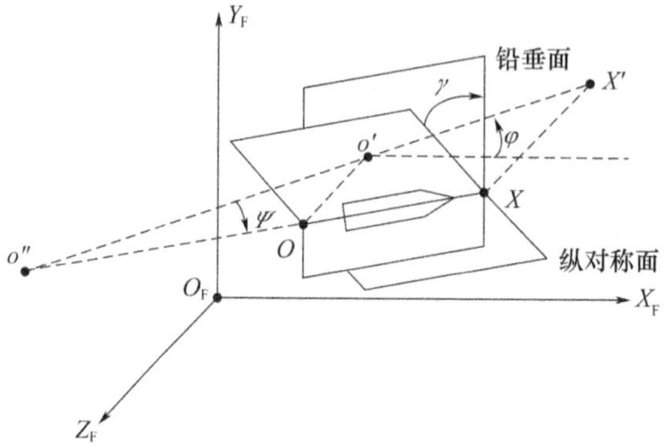

图 6-1 运载火箭姿态角的定义

由于 (R,A,E) 是在测量坐标系中定义的,而运载火箭的弹道参数和姿态角是在发射坐标系中定义的,因此需要进行坐标旋转和平移。

运载火箭跟踪性能计算的算法流程如图 6-2 所示。

(1) 计算弹道参数的地心笛卡儿坐标:

$$\begin{bmatrix} X_D \\ Y_D \\ Z_D \end{bmatrix} = \begin{bmatrix} X_F \\ Y_F \\ Z_F \end{bmatrix} + \boldsymbol{R}_Z\left(\frac{\pi}{2} - \lambda_F\right)\boldsymbol{R}_X(-\varphi_F)\boldsymbol{R}_Y\left(\frac{\pi}{2} + A_F\right)\begin{bmatrix} X_i \\ Y_i \\ Z_i \end{bmatrix}$$

$$\begin{bmatrix} X_F \\ Y_F \\ Z_F \end{bmatrix} = \begin{bmatrix} (N + H_F)\cos B_F \cos L_F \\ (N + H_F)\cos B_F \sin L_F \\ [N(1 - e^2) + H_F]\sin B_F \end{bmatrix}$$

$$N = \frac{a}{\sqrt{1 - e^2 \sin^2 B_F}}$$

式中:a 为地球椭球的长半径;e^2 为地球椭球第一偏心率的平方;X_F、Y_F、Z_F 为发射点的地心笛卡儿坐标;L_F、B_F、H_F 为发射点的地心大地坐标;λ_F、φ_F 为发射点的天文坐标；A_F为发射方位角；X_i、Y_i、Z_i为运载火箭的弹道参数；$\boldsymbol{R}_X(\varepsilon_X)$、$\boldsymbol{R}_Y(\varepsilon_Y)$、$\boldsymbol{R}_Z(\varepsilon_Z)$为坐标旋转矩阵；$\varepsilon_X$、$\varepsilon_Y$、$\varepsilon_Z$为两个坐标系轴向之间的夹角，即欧拉角。

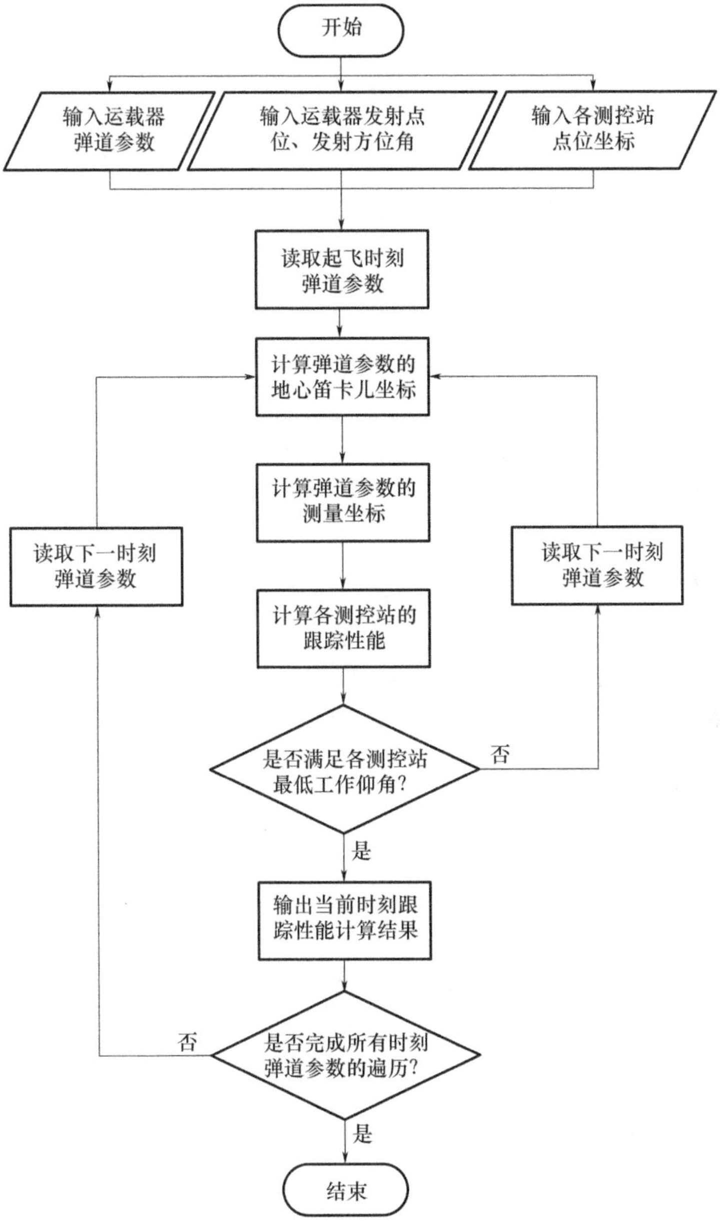

图 6－2　运载火箭跟踪性能计算的算法流程图

(2) 计算弹道参数的垂线测量坐标：

$$\begin{bmatrix} X_H \\ Y_H \\ Z_H \end{bmatrix} = \boldsymbol{R}_Y\left(-\frac{\pi}{2}\right)\boldsymbol{R}_X\varphi_C\boldsymbol{R}_Z\left(\lambda_C-\frac{\pi}{2}\right)\begin{bmatrix} X_D - X_C \\ Y_D - Y_C \\ Z_D - Z_C \end{bmatrix}$$

式中：X_C、Y_C、Z_C为测控站的地心笛卡儿坐标；L_C、B_C、H_C为测控站的地心大地坐标；λ_C、φ_C为测控站的天文坐标；$\boldsymbol{R}_X(\varepsilon_X)$、$\boldsymbol{R}_Y(\varepsilon_Y)$、$\boldsymbol{R}_Z(\varepsilon_Z)$为坐标旋转矩阵；$\varepsilon_X$、$\varepsilon_Y$、$\varepsilon_Z$为两坐标系轴向之间的夹角，即欧拉角。

(3) 计算各测控站的跟踪性能：

$$R = \sqrt{X_H^2 + Y_H^2 + Z_H^2},$$

$$\boldsymbol{A} = \begin{cases} \arccos\left(\dfrac{X_H}{\sqrt{X_H^2 + Z_H^2}}\right) & Z_H \geqslant 0 \\ 2\pi - \arccos\left(\dfrac{X_H}{\sqrt{X_H^2 + Z_H^2}}\right) & Z_H < 0 \end{cases}$$

$$E = \arcsin\left(\frac{Y_H}{R}\right)$$

6.2.2 箭载天线方向图计算模型

箭载天线方向图计算的主要任务是根据运载火箭飞行弹道、地面设备配置布局和箭地设备参数指标，计算并提出箭载天线的增益要求和安装位置，以确保飞行任务过程中箭载天线能够实时覆盖地面各参试测控站。箭载天线方向图一般采用箭体坐标系内的增益分布曲线$G(\alpha,\beta)$来描述。

箭体坐标系的坐标原点为运载火箭质心O_M，X_M轴指向运载火箭头部并与箭轴重合，Y_M轴在过O_M的截面内指向Ⅲ舵面，Z_M轴与X_M轴、Y_M轴构成右手坐标系，即指向Ⅳ舵面。所谓舵面，是指传统的舵翼所在的位置，无论有无舵翼，运载火箭竖立在发射塔架上时，指向发射方向的位置视为Ⅰ舵面。

α定义为矢量O_MC(运载火箭质心指向测控站中心)在运载火箭横切面上的投影O_MC'与Y_M轴的夹角，O_MC'指向Ⅲ舵面时α为0°，O_MC'向Ⅳ舵面展开时α为正，α的取值范围为0°~360°；β定义为向量O_MC在运载火箭纵剖面上与X_M轴的夹角，O_MC指向运载火箭头部时β为0°，O_MC向运载火箭尾部展开时β为正，β

的取值范围为 0°～180°。

由于 α、β 是在箭体坐标系中定义的，而运载火箭的弹道参数和姿态角是在发射坐标系中定义的，因此需要进行坐标旋转和平移。

箭载天线方向图计算的算法流程如图 6－3 所示。

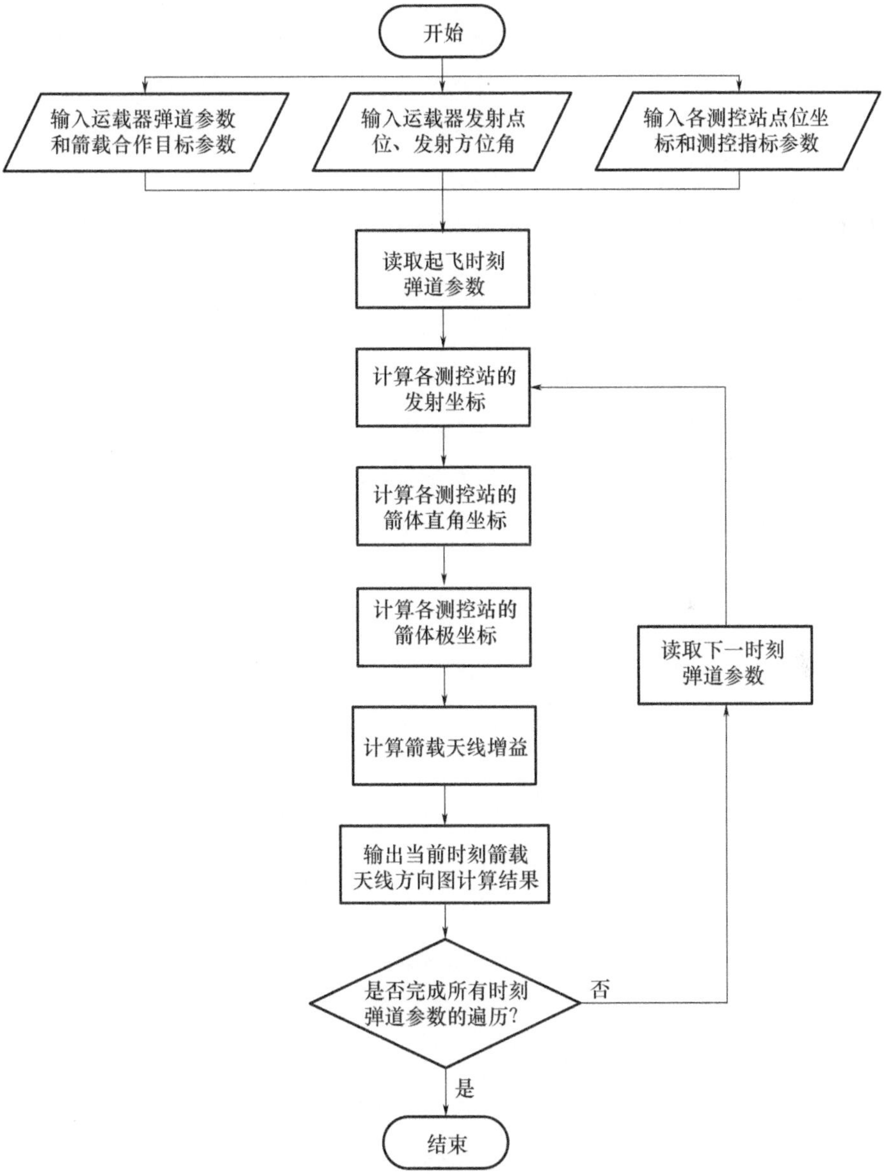

图 6－3　箭载天线方向图计算的算法流程图

（1）计算各测控站的发射坐标：

$$\begin{bmatrix} X_{\mathrm{CF}} \\ Y_{\mathrm{CF}} \\ Z_{\mathrm{CF}} \end{bmatrix} = \boldsymbol{R}_Y\left(-\frac{\pi}{2}-A_{\mathrm{F}}\right)\boldsymbol{R}_X(\varphi_{\mathrm{F}})\boldsymbol{R}_Z\left(\lambda_{\mathrm{F}}-\frac{\pi}{2}\right)\begin{bmatrix} X_{\mathrm{C}}-X_{\mathrm{F}} \\ Y_{\mathrm{C}}-Y_{\mathrm{F}} \\ Z_{\mathrm{C}}-Z_{\mathrm{F}} \end{bmatrix},$$

式中：X_{C}、Y_{C}、Z_{C}为测控站的地心笛卡儿坐标；X_{F}、Y_{F}、Z_{F}为发射点的地心笛卡儿坐标；L_{C}、B_{C}、H_{C}为测控站的地心大地坐标；L_{F}、B_{F}、H_{F}为发射点的地心大地坐标；λ_{F}、φ_{F}为发射点的天文坐标；A_{F}为发射方位角；$\boldsymbol{R}_X(\varepsilon_X)$、$\boldsymbol{R}_Y(\varepsilon_Y)$、$\boldsymbol{R}_Z(\varepsilon_Z)$为坐标旋转矩阵；$\varepsilon_X$、$\varepsilon_Y$、$\varepsilon_Z$为两坐标系轴向之间的夹角，即欧拉角。

（2）计算各测控站的箭体笛卡儿坐标：

$$\begin{bmatrix} X_{\mathrm{CM}} \\ Y_{\mathrm{CM}} \\ Z_{\mathrm{CM}} \end{bmatrix} = \boldsymbol{R}_Z(\phi)\boldsymbol{R}_Y(\psi)\boldsymbol{R}_X(\gamma)\begin{bmatrix} X_{\mathrm{CF}}-X_i \\ Y_{\mathrm{CF}}-Y_i \\ Z_{\mathrm{CF}}-Z_i \end{bmatrix}$$

式中：X_i、Y_i、Z_i为运载火箭的弹道参数；ϕ、ψ、γ为运载火箭的姿态角，即俯仰角、偏航角和滚动角；$\boldsymbol{R}_X(\varepsilon_X)$、$\boldsymbol{R}_Y(\varepsilon_Y)$、$\boldsymbol{R}_Z(\varepsilon_Z)$为坐标旋转矩阵；$\varepsilon_X$、$\varepsilon_Y$、$\varepsilon_Z$为两坐标系轴向之间的夹角，即欧拉角。

（3）计算各测控站的箭体极坐标：

$$R = \sqrt{X_{\mathrm{CM}}^2 + Y_{\mathrm{CM}}^2 + Z_{\mathrm{CM}}^2}$$

$$\alpha = \begin{cases} \arccos\left(\dfrac{Y_{\mathrm{CM}}}{\sqrt{Y_{\mathrm{CM}}^2+Z_{\mathrm{CM}}^2}}\right) & Z_{\mathrm{CM}} \geqslant 0 \\ 2\pi - \arccos\left(\dfrac{Y_{\mathrm{CM}}}{\sqrt{Y_{\mathrm{CM}}^2+Z_{\mathrm{CM}}^2}}\right) & Z_{\mathrm{CM}} < 0 \end{cases}$$

$$\beta = \arccos\frac{X_{\mathrm{CM}}}{R}。$$

（4）计算箭载天线增益。已知测控站到运载火箭的距离以及雷达功率、天线增益、接收灵敏度、应答机功率等条件，根据雷达方程即可求得保证系统正常工作时箭载天线应有的增益。增益要求分为上行和下行，计算公式如下：

$$\begin{cases} G_{\mathrm{ts}} = P_{\mathrm{d}} - L_{\mathrm{dk}} + G_{\mathrm{d}} - L_{\mathrm{q}} - L_{\mathrm{t}} - L_{\mathrm{h}} - L_{\mathrm{j}} - L_{\mathrm{dB}} - L_{\mathrm{tk}} - P_{\mathrm{st}} - L_{\mathrm{R}} - L_{\mathrm{a}} \\ G_{\mathrm{tx}} = P_{\mathrm{t}} - L_{\mathrm{tk}} - L_{\mathrm{q}} - L_{\mathrm{j}} - L_{\mathrm{R}} - L_{\mathrm{dB}} - L_{\mathrm{h}} - L_{\mathrm{t}} + G_{\mathrm{d}} - L_{\mathrm{dk}} - P_{\mathrm{sd}} - L_{\mathrm{a}} \end{cases}$$

式中：G_{ts}为上行信道对箭载天线增益的要求（dB）；G_{tx}为下行信道对箭载天线增

益的要求(dB);P_d为地面发射机功率(dBW);P_t为箭载应答机功率(dBW);P_{sd}为地面接收机灵敏度(dBW);P_{st}为箭载应答机接收灵敏度(dBW);G_d为地面天线增益(dB);G_t为箭载天线增益(dB);L_{dk}为地面馈线损耗(dB);L_{tk}为箭载馈线损耗(dB);L_{dB}为天线指向损耗(dB);L_q为大气损耗(dB);L_h为火焰损耗(dB);L_R为自由空间损耗(dB);L_j为极化损耗(dB);L_t为调制损耗(dB);L_a为安全余量(dB)。

箭载天线增益G_t的取值为

$$G_t=\begin{cases}-G_{tx} & G_{ts}<G_{tx}\\ -G_{ts} & G_{ts}>G_{tx}\end{cases}$$

6.2.3 机动发射测量布站分析

针对SSO、LEO等典型发射轨道的机动发射任务,需要根据发射点位、发射射向、发射弹道等信息,结合发射测量设备资源等条件,开展首区测控车选点分析,并分析提出航区地面测控站使用需求。不同于常规发射任务,由于机动发射点位不确定,导致了发射弹道的不确定。因此,无论是首区的测控车的点位位置,还是航区的地面测控站的选取都会因为弹道不同而改变。为了快速生成最优测量布站方案,达到首区测量弧段最大,航区测量弧段完备且站点最少的目标,对机动发射测量布站方法进行分析。

1. 基本定义

定义$O_{测量系}$、$OX_{测量系}$、$OY_{测量系}$、$OZ_{测量系}$分别为测量坐标系的坐标原点以及X,Y,Z轴,$O_{发射系}$、$OX_{发射系}$、$OY_{发射系}$、$OZ_{发射系}$分别为发射坐标系的坐标原点以及X,Y,Z轴,$O_{箭体系}$、$OX_{箭体系}$、$OY_{箭体系}$、$OZ_{箭体系}$分别为箭体坐标系的坐标原点以及X,Y,Z轴。

定义$\boldsymbol{P}^J_{发射系}$为箭体坐标系某点J的发射系坐标矢量,$\boldsymbol{P}^{O_{箭体系}}_{发射系}$为箭体坐标系坐标原点$O_{箭体系}$在发射坐标系坐标矢量。箭体的姿态角一般采用俯仰角$\varphi$、偏航角$\psi$和滚动角$\gamma$来表示。

定义$\boldsymbol{P}^J_{地心系}$为箭体坐标系某点J的地心笛卡儿坐标系坐标矢量,$\boldsymbol{P}^{O_{发射系}}_{地心系}$为发射坐标系坐标原点$O_{发射系}$的地心笛卡儿坐标系坐标矢量,$L^{O_{发射系}}_{大地}$、$B^{O_{发射系}}_{大地}$、$H^{O_{发射系}}_{大地}$为发射坐标系坐标原点的地心大地坐标系的坐标,$A^{O_{发射系}}_{天文}$为发射方位角,$\phi^{O_{发射点}}_{天文}$、$\lambda^{O_{发射系}}_{天文}$为发射坐标系坐标原点的天文纬度和天文经度。

定义$\boldsymbol{P}^{J}_{测量系}$为箭体坐标系某点 J 的测量系坐标矢量，$\boldsymbol{P}^{O_{测量系}}_{地心系}$为测量坐标系坐标原点$O_{测量系}$的地心笛卡儿坐标系坐标矢量，$L^{O_{测量系}}_{地心系}$、$B^{O_{测量系}}_{地心系}$、$H^{O_{测量系}}_{地心系}$为测量坐标系坐标原点的地心大地坐标系坐标，$\lambda^{O_{测量系}}_{天文}$、$\phi^{O_{测量系}}_{天文}$为测量坐标系坐标原点的天文坐标。

2. 发射测控坐标系变换

结论1　箭体系某点 J 坐标由箭体坐标系坐标$\boldsymbol{P}^{J}_{箭体系}$转换到测量坐标系坐标$\boldsymbol{P}^{J}_{测量系}$的计算公式为

$$\boldsymbol{P}^{J}_{测量系}=\boldsymbol{T}_{DC}\boldsymbol{P}^{O_{发射系}}_{地心系}+\boldsymbol{T}_{DC}\boldsymbol{T}_{FD}\boldsymbol{T}_{JF}\boldsymbol{P}^{J}_{箭体系}+\boldsymbol{T}_{DC}\boldsymbol{T}_{FD}\boldsymbol{P}^{O_{箭体系}}_{发射系}-\boldsymbol{T}_{DC}\boldsymbol{P}^{O_{测量系}}_{地心系} \tag{6-1}$$

式中：$\boldsymbol{T}_{JF}$为箭体坐标系到发射坐标系的旋转矩阵，$\boldsymbol{T}_{FJ}$为发射系到箭体坐标系的旋转矩阵，$\boldsymbol{T}_{FD}$为发射坐标系到地心坐标系的旋转矩阵，$\boldsymbol{T}_{DF}$为地心坐标系到发射坐标系的旋转矩阵，$\boldsymbol{T}_{DC}$为地心坐标系到测量坐标系的旋转矩阵，$\boldsymbol{T}_{CD}$为测量坐标系到地心系的旋转矩阵。

$$\boldsymbol{T}_{JF}=\boldsymbol{T}_{FJ}{}^{-1}=(\boldsymbol{T}_{Z}(\phi)\boldsymbol{T}_{Y}(\psi)\boldsymbol{T}_{X}(\gamma))^{-1}=\boldsymbol{T}_{X}(-\gamma)\boldsymbol{T}_{Y}(-\psi)\boldsymbol{T}_{Z}(-\varphi) \tag{6-2}$$

$$\begin{aligned}\boldsymbol{T}_{DF}&=\boldsymbol{T}_{Y}\left(-\frac{\pi}{2}-A^{O_{发射系}}_{天文}\right)\boldsymbol{T}_{X}(\varphi^{O_{发射系}}_{天文})\boldsymbol{T}_{Z}\left(-\frac{\pi}{2}+\lambda^{O_{发射系}}_{天文}\right)\\&=\boldsymbol{T}_{FD}{}^{-1}=\left(\boldsymbol{T}_{Z}\left(\frac{\pi}{2}-\lambda^{O_{发射系}}_{天文}\right)\boldsymbol{T}_{X}(-\varphi^{O_{发射系}}_{天文})\boldsymbol{T}_{Y}\left(\frac{\pi}{2}+A^{O_{发射系}}_{天文}\right)\right)^{-1}\end{aligned} \tag{6-3}$$

$$\begin{aligned}\boldsymbol{T}_{DC}&=\boldsymbol{T}_{Y}\left(-\frac{\pi}{2}\right)\boldsymbol{T}_{X}(\varphi^{O_{测量系}}_{天文})\boldsymbol{T}_{Z}\left(\lambda^{O_{测量系}}_{天文}-\frac{\pi}{2}\right)\\\boldsymbol{T}_{CD}&=\boldsymbol{T}_{Z}\left(\frac{\pi}{2}-\lambda^{O_{测量系}}_{天文}\right)T_{X}(-\varphi^{O_{测量系}}_{天文})T_{Y}\left(\frac{\pi}{2}\right)\end{aligned} \tag{6-4}$$

证明：箭体系某点 J 坐标由箭体坐标系转换到发射坐标系的计算公式为

$$\boldsymbol{P}^{J}_{发射系}=\boldsymbol{T}_{JF}\boldsymbol{P}^{J}_{箭体系}+\boldsymbol{P}^{O_{箭体系}}_{发射系} \tag{6-5}$$

J 坐标由发射坐标系转换到地心笛卡儿坐标系的计算公式为

$$\boldsymbol{P}^{J_{地心系}}=\boldsymbol{P}^{O_{发射系}}_{地心系}+\boldsymbol{T}_{FD}\boldsymbol{P}^{J_{发射系}} \tag{6-6}$$

其中，$\boldsymbol{P}^{O_{发射系}}_{地心系}$的计算如下：

$$\boldsymbol{P}^{O_{发射系}}_{地心系}=\begin{bmatrix}(N_{发射系}+H^{O_{发射系}}_{大地})\cos B^{O_{发射系}}_{大地}\cos L^{O_{发射系}}_{大地}\\(N_{发射系}+H^{O_{发射系}}_{大地})\cos B^{O_{发射系}}_{大地}\sin L^{O_{发射系}}_{大地}\\ [N_{发射系}(1-e^{2})+H^{O_{发射系}}_{大地}]\sin B^{O_{发射系}}_{大地}\end{bmatrix}$$

$$N_{发射系}=\frac{a(1-e^2)}{\sqrt{1-e^2\sin^2 B^{O_{发射系}}_{大地}}} \tag{6-7}$$

J 坐标由地心笛卡儿坐标系转换到测量坐标系的计算公式为

$$\boldsymbol{P}^{J_{测量系}}=\boldsymbol{T}_{DC}(\boldsymbol{P}^{J_{地心系}}-\boldsymbol{P}^{O_{测量系}}_{地心系}) \tag{6-8}$$

其中，$P^{O_{测量系}}_{地心系}$的计算如下：

$$\boldsymbol{P}^{O_{测量系}}_{地心系}=\begin{bmatrix}(N_{测量系}+H^{O_{测量系}}_{大地})\cos B^{O_{测量系}}_{大地}\cos L^{O_{测量系}}_{大地}\\(N_{测量系}+H^{O_{测量系}}_{大地})\cos B^{O_{测量系}}_{大地}\sin L^{O_{测量系}}_{大地}\\ [N_{测量系}(1-e^2)+H^{O_{测量系}}_{大地}]\sin B^{O_{测量系}}_{大地}\end{bmatrix}$$

$$N_{测量系}=\frac{a(1-e^2)}{\sqrt{1-e^2\sin^2 B^{O_{测量系}}_{大地}}} \tag{6-9}$$

式中：α 为地球椭球的长半径；e^2为地球椭球第一偏心率的平方；综合式(6－5)、式(6－6)、式(6－8)，即可得到式(6－1)。

机动测量站布点通常选取在发射点位附近，需要在发射坐标系下调整搜索最佳布点位置，因此，需要建立$\boldsymbol{P}^{J}_{测量系}$和$\boldsymbol{P}^{O_{测量系}}_{发射系}$的计算关系，即

结论2　$$\boldsymbol{P}^{J}_{测量系}=\boldsymbol{T}_{DC}\boldsymbol{T}_{FD}\boldsymbol{T}_{JF}\boldsymbol{P}^{J}_{箭体系}+\boldsymbol{T}_{DC}\boldsymbol{T}_{FD}\boldsymbol{P}^{O_{箭体系}}_{发射系}-\boldsymbol{T}_{DC}\boldsymbol{T}_{FD}\boldsymbol{P}^{O_{测量系}}_{发射系} \tag{6-10}$$

证明：选取测量坐标系1和2，根据式(6－1)可得到

$$\boldsymbol{T}_{CD1}\boldsymbol{P}^{J}_{测量系1}=\boldsymbol{P}^{O_{发射系}}_{地心系}+\boldsymbol{T}_{FD}\boldsymbol{P}^{O_{箭体系}}_{发射系}-\boldsymbol{P}^{O_{测量系1}}_{地心系}+\boldsymbol{T}_{FD}\boldsymbol{T}_{JF}\boldsymbol{P}^{J}_{箭体系} \tag{6-11}$$

$$\boldsymbol{T}_{CD2}\boldsymbol{P}^{J}_{测量系2}=\boldsymbol{P}^{O_{发射系}}_{地心系}+\boldsymbol{T}_{FD}\boldsymbol{P}^{O_{箭体系}}_{发射系}-\boldsymbol{P}^{O_{测量系2}}_{地心系}+\boldsymbol{T}_{FD}\boldsymbol{T}_{JF}\boldsymbol{P}^{J}_{箭体系} \tag{6-12}$$

式(6－12)和式(6－11)得到

$$\boldsymbol{T}_{CD2}\boldsymbol{P}^{J}_{测量系2}-\boldsymbol{T}_{CD1}\boldsymbol{P}^{J}_{测量系1}=\boldsymbol{P}^{O_{测量系1}}_{地心系}-\boldsymbol{P}^{O_{测量系2}}_{地心系} \tag{6-13}$$

将$O_{测量系1}$和$O_{测量系2}$分别替换式(6－6)中的J，并代入式(6－13)中，得到

$$\boldsymbol{T}_{CD2}\boldsymbol{P}^{J}_{测量系2}=\boldsymbol{T}_{CD1}\boldsymbol{P}^{J}_{测量系1}+\boldsymbol{T}_{FD}(\boldsymbol{P}^{O_{测量系1}}_{发射系}-\boldsymbol{P}^{O_{测量系2}}_{发射系}) \tag{6-14}$$

将测量坐标系1替换为发射坐标系，测量系2替换为测量坐标系，则$\boldsymbol{T}_{CD2}=\boldsymbol{T}_{CD}$，$\boldsymbol{T}_{CD1}=\boldsymbol{T}_{FD}$，式(6－14)变换为

$$\boldsymbol{T}_{CD}\boldsymbol{P}^{J}_{测量系}=\boldsymbol{T}_{FD}(\boldsymbol{P}^{J}_{发射系}-\boldsymbol{P}^{O_{测量系}}_{发射系}) \tag{6-15}$$

将式(6－5)代入式(6－15)中，得到式(6－10)。

根据结论1可以变换得到结论3。

结论3　$$\boldsymbol{P}^{J}_{箭体系}=\boldsymbol{T}_{FJ}(\boldsymbol{T}_{DF}(\boldsymbol{T}_{CD}\boldsymbol{P}^{J}_{测量系}+\boldsymbol{P}^{O_{测量系}}_{地心系}-\boldsymbol{P}^{O_{发射系}}_{地心系})-\boldsymbol{P}^{O_{箭体系}}_{发射系}) \tag{6-16}$$

根据结论2可以变换得到结论4。

结论 4 $\boldsymbol{P}^{J}_{箭体系}=\boldsymbol{T}_{\text{FJ}}\boldsymbol{T}_{\text{DF}}\boldsymbol{T}_{\text{CD}}\boldsymbol{P}^{J}_{测量系}-\boldsymbol{T}_{\text{FJ}}\boldsymbol{P}^{O_{箭体系}}_{发射系}+\boldsymbol{T}_{\text{FJ}}\boldsymbol{P}^{O_{测量系}}_{发射系}$ (6-17)

3. 首区测控车选址分析

首区测控车选址目标是：在距发射点位一定距离范围内$\|\boldsymbol{P}^{O_{测量系}}_{发射系}\|\leqslant L$，选取位置$\boldsymbol{P}^{O_{测量系}}=(P^{O_{测量系}}_{发射系},\lambda^{O_{测量系}}_{天文},\phi^{O_{测量系}}_{天文})$，使得位置$P^{O_{测量系}}$所能跟踪测量的弹道弧段最长，同时满足以下工作仰角和作用距离约束：$R_{测量系}\leqslant R^{约束}_{测量系}$，$A^{约束}_{测量系}\leqslant A_{测量系}$，$E^{约束}_{测量系}\leqslant E_{测量系}$。$R_{测量系}$、$A_{测量系}$、$E_{测量系}$分别为测量坐标系下地面测量设备$J_0$与箭体测量点$J_1$之间的距离、方位角和俯仰角，计算公式如下：

$$R_{测量系}=\|\boldsymbol{P}^{J_1}_{测量系}-\boldsymbol{P}^{J_0}_{测量系}\| \tag{6-18}$$

$$A_{测量系}=\begin{cases}\arccos\left(\dfrac{x^{J_1}_{测量系}-x^{J_0}_{测量系}}{\sqrt{(x^{J_1}_{测量系}-x^{J_0}_{测量系})^2+(z^{J_1}_{测量系}-z^{J_0}_{测量系})^2}}\right),(z^{J_1}_{测量系}-z^{J_0}_{测量系})\geqslant 0\\[2ex] 2\pi-\arccos\left(\dfrac{x^{J_1}_{测量系}-x^{J_0}_{测量系}}{\sqrt{(x^{J_1}_{测量系}-x^{J_0}_{测量系})^2+(z^{J_1}_{测量系}-z^{J_0}_{测量系})^2}}\right),(z^{J_1}_{测量系}-z^{J_0}_{测量系})<0\end{cases} \tag{6-19}$$

$$E_{测量系}=\arcsin\left(\frac{y^{J_1}_{测量系}-y^{J_0}_{测量系}}{R_{测量系}}\right) \tag{6-20}$$

为快速寻找最佳布站点，下面分析给出如下结论。

结论 5 假设在发射坐标系下，火箭飞行初始弹道位 $YOX_{发射系}$平面内，机动测量车的测量坐标系坐标原点$O_{测量系}$位 $ZOX_{发射系}$平面内。发射坐标系下，以$O_{发射系}$为圆心，以布站距离约束值$L_{布站}$为半径，在 $ZOX_{发射系}$平面内圈定机动测量车布站限制区域 $Area_{布站}$，对于所有位 $Area_{布站}$内的点位$O_{测量系}$，当$O_{测量系}$位 $OX_{发射系}$正轴上且$\|\boldsymbol{O}_{发射系}\boldsymbol{O}_{测量系}\|=L_{布站}$时，机动测量车在该位置所能跟踪测量的弹道弧段最长。

证明：如图 6-4 所示，定义$O_{测量系i}(i=1,2)$为 $Area_{布站}$内两个不同位置点，$O'_{测量系i}$为$O_{测量系i}$在 $OX_{发射系}$轴上投影，其中，$O_{测量系2}$位 $OX_{发射系}$正轴上，$O'_{测量系2}=O_{测量系2}$，$\|\boldsymbol{O}_{发射系}\boldsymbol{O}'_{测量系2}\|=L_{布站}$，$\|\boldsymbol{O}_{发射系}\boldsymbol{O}'_{测量系1}\|\leqslant L_{布站}$，当$O_{测量系1}$位 $OX_{发射系}$正轴时，$O'_{测量系1}=O_{测量系1}$。定义$S'(t_i)(i=1,2)$为 $YOX_{发射系}$平面内两点，分别代表机动测量车位$O_{测量系i}$时的最远跟踪测量点，$S''(t_i)$为$S'(t_i)$在 $OX_{发射系}$轴上投影，那么有$R'_i=\|\boldsymbol{S}'(t_i)\boldsymbol{O}'_{测量系i}\|$，$R'_i\leqslant R'^{约束}_{测量系i}$，$E'_i=\angle S'(t_i)O'_{测量系i}S''(t_i)$，$E'_i\geqslant E'^{约束}_{测量系i}$，其中，$R'^{约束}_{测量系i}$、$E'^{约束}_{测量系i}$为机动测量车位$O_{测量系i}$时最大有效测量范围 $Area_{O_{测量系i}}$在 $YOX_{发射系}$平面上经投影得到的 $Area'_{O_{测量系i}}$所对应的最大测量距离和

最小测量俯仰角。定义$R'^{约束}_{测量系1} = \|\boldsymbol{O'}_{测量系1}\boldsymbol{S'}_{R}\|$，其中，$S'_R$位$YOX_{发射系}$平面内，则$R'^{约束}_{测量系1} \leqslant \|O_{测量系1}S'_R\| \leqslant R^{约束}_{测量系1} = R'^{约束}_{测量系2}$；定义$E'^{约束}_{测量系1,1} = \angle S'_E O'_{测量系1} S''_E$，其中，$S'_E$位$YOX_{发射系}$内，$S''_E$为$S'_E$在$OX_{发射系}$轴上投影，则$E'^{约束}_{测量系1} \geqslant \angle S'_E O_{测量系1} S''_E \geqslant E^{约束}_{测量系1} = E'^{约束}_{测量系2}$。

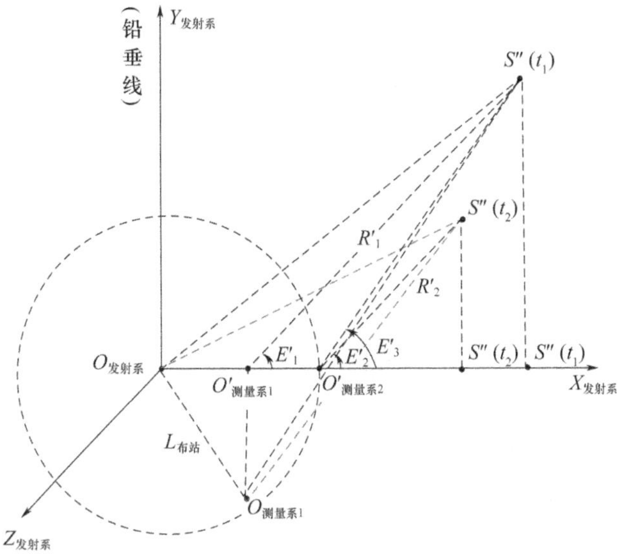

图6-4　首区选址分析

假设$O_{测量系1}$的测量跟踪长度大于$O_{测量系2}$，即$t_1 > t_2$，由于飞行时间越长，飞行高度越高，飞行距离越远，故而$\|\boldsymbol{S'}(t_2)\boldsymbol{S''}(t_2)\| < \|\boldsymbol{S'}(t_1)\boldsymbol{S''}(t_1)\|$，$\|\boldsymbol{O}_{发射系}\boldsymbol{S''}(t_2)\| < \|\boldsymbol{O}_{发射系}\boldsymbol{S''}(t_1)\|$，根据题设$\|\boldsymbol{O}_{发射系}\boldsymbol{O'}_{测量系1}\| < \|\boldsymbol{O}_{发射系}\boldsymbol{O'}_{测量系2}\|$，进一步可以得到$\|\boldsymbol{O'}_{测量系1}\boldsymbol{S''}(t_1)\| > \|\boldsymbol{O'}_{测量系2}\boldsymbol{S''}(t_1)\| > \|\boldsymbol{O'}_{测量系2}\boldsymbol{S''}(t_2)\|$。根据勾股定律可得$R'^{约束}_{测量系2} \geqslant R'^{约束}_{测量系1} \geqslant \|\boldsymbol{O'}_{测量系1}\boldsymbol{S'}(t_1)\| > \|\boldsymbol{O'}_{测量系2}\boldsymbol{S'}(t_1)\| > \|\boldsymbol{O'}_{测量系2}\boldsymbol{S'}(t_2)\|$，并且可得$E'_1 = \arcsin(\|\boldsymbol{S'}(t_1)\boldsymbol{S''}(t_1)\| / \|\boldsymbol{O'}_{测量系1}\boldsymbol{S''}(t_1)\|)$，$E'_3 = \arcsin(\|\boldsymbol{S'}(t_1)\boldsymbol{S''}(t_1)\| / \|\boldsymbol{O'}_{测量系2}\boldsymbol{S''}(t_1)\|)$，$E'_3 > E'_1 > E'^{约束}_{测量系1} \geqslant E'^{约束}_{测量系2}$。

综上所述，如果$t_1 > t_2$成立，那么$S'(t_1)$也为机动测量车位$O_{测量系2}$时的有效弹道测量点，且$S'(t_1)$比$S'(t_2)$更远，这与题设矛盾，所以，$t_1 \leqslant t_2$。

为快速找到测控车的最远跟踪测量点，下面分析给出如下结论。

结论6　假设在发射坐标系下，火箭飞行初始弹道位$YOX_{发射系}$平面内，机动测量车的测量坐标系坐标原点$O_{测量系}$位$ZOX_{发射系}$平面内。在发射坐标系下，选取

$O_{测量系}$位发射系$OX_{发射系}$轴上且$\|\boldsymbol{O}_{发射系}\boldsymbol{O}_{测量系}\| = L_{布站}$，定义$S(t_0)$位$YOX_{发射系}$平面内，代表机动测量车位$O_{测量系}$时的最远跟踪测量点，$E_0$为$S(t_0)$的测量俯仰角，那么，$\|\boldsymbol{O}_{测量系}\boldsymbol{S}(t_0)\| = R_{测量系}^{约束}$，$E_0 > E_{测量系}^{约束}$，要么$\|\boldsymbol{O}_{测量系}\boldsymbol{S}(t_0)\| \leqslant R_{测量系}^{约束}$，$E_0 = E_{测量系}^{约束}$。

证明：假设结论不成立，则$E_0 > E_{测量系}^{约束}$，并且$\|\boldsymbol{O}_{测量系}\boldsymbol{S}(t_0)\| < R_{测量系}^{约束}$。令$t_1 = t_0 + \Delta t$，$\Delta t$无穷小，$E_1$为$S(t_1)$的测量俯仰角，则必有$E_1 > E_0 > E_{测量系}^{约束}$或$E_{测量系}^{约束} < E_1 < E_0$，$\|\boldsymbol{O}_{测量系}\boldsymbol{S}(t_1)\| < R_{测量系}^{约束}$成立，那么$S(t_1)$也为机动测量车位$O_{测量系}$时的有效弹道测量点，而且$S(t_1)$比$S(t_0)$更远，这与题设矛盾。所以，结论成立。

4. 航区地面测控站布点分析

由于测控车测量范围有限，需要提报航区测控站点使用需求，主要目标是根据飞行弹道参数分析除测控车以外的其他可用地面测控站的最小集合。$G_{测控站} = \{g_1, \cdots, g_N\}$，$G_{测控站}^{选择} = \{g'_1, \cdots, g'_{N'}\}$为所有和选择的固定测控站集合。其中，$G_{测控站}^{选择} \in G_{测控站}$，$Arc_{g'_i}$为固定测控站$g'_i$的测量跟踪弧段，固定测控站布点计算要求，在满足$\sum_{N'} Arc_{g'_i} \geqslant Arc_{总弧段} - Arc_{机动测量弧段}$前提下，所选取的固定测控站数量$N'$最小。下面分析给出有助于选择测控站的有关结论。

结论7　对于任意$g_k \in G_{测量站}$，$R_{g_k}^{约束}$、$E_{g_k}^{约束}$分别为g_k有效测量范围对应的距离和俯仰角约束，$R'^{约束}_{g_k}$、$E'^{约束}_{g_k}$分别为g_k有效测量范围在$YOX_{发射系}$平面投影后对应的距离和俯仰角约束，则有$R_{g_k}^{约束} \geqslant R'^{约束}_{g_k}$，$E'^{约束}_{g_k} \geqslant E_{g_k}^{约束}$。

证明：如图6-5所示，定义O_{g_k}为g'_k测量坐标系坐标原点，O'_{g_k}为O_{g_k}在$YOX_{发射系}$平面的投影，O''_{g_k}为O'_{g_k}在$OX_{发射系}$轴投影。定义$Sum_{g_k} = \{S_m\}$ $(m = 1, \cdots, N_m)$为g_k有效测量范围，S'_m为S_m在$YOX_{发射系}$平面的投影，S''_m、S'''_m为S'_m、S_m在过O'_{g_k}且与$ZOX_{发射系}$平面平行的平面上的投影点，满足$\|\boldsymbol{O}_{gk}\boldsymbol{S}_m\| \leqslant R_{g_k}^{约束}$，$\angle S'''_m O_{g_k} S_m \geqslant E_{g_k}^{约束}$。

(1) 如果S_m位过O_{g_k}且与$YOX_{发射系}$平面平行的平面。则$\|\boldsymbol{O}_{gk}\boldsymbol{S}_m\| = \|\boldsymbol{O}'_{gk}\boldsymbol{S}'_m\|$，$\angle S'_m O'_{g_k} S''_m = \angle S_m O_{g_k} S'''_m$，所以对于该类$S_m$，$\max(\|\boldsymbol{O}_{gk}\boldsymbol{S}_m\|) = \max(\|O'_{g_k}S'_m\|)$，$\min(\angle S'_m O'_{g_k} S''_m) = \min(\angle S_m O_{g_k} S'''_m)$。

(2) 位其他平面S_m。则$\|\boldsymbol{O}_{gk}\boldsymbol{S}_m\| > \|\boldsymbol{O}'_{gk}\boldsymbol{S}'_m\|$，$\arcsin(\|\boldsymbol{S}_m\boldsymbol{S}'''_m\| / \|O_{g_k}S_m\|) = \angle S_m O_{g_k} S'''_m < \arcsin(\|\boldsymbol{S}'_m\boldsymbol{S}''_m\| / \|\boldsymbol{O}'_{gk}\boldsymbol{S}'_m\|) = \angle S'_m O'_{g_k} S''_m$，所以对于该类$S_m$，$\max(\|\boldsymbol{O}_{gk}\boldsymbol{S}_m\|) > \max(\|\boldsymbol{O}'_{gk}S'_m\|)$，$\min(\angle S'_m O'_{g_k} S''_m) > \min(\angle S_m O_{g_k} S''')$。

根据测量方位角约束情况，如果g_k有效测量范围包含了情况(1)所有S_m，那么有$R_{g_k}^{约束} = R'^{约束}_{g_k}$，$E'^{约束}_{g_k} = E_{g_k}^{约束}$，否则，$R_{g_k}^{约束} > R'^{约束}_{g_k}$，$E'^{约束}_{g_k} > E_{g_k}^{约束}$。综上分析，可知结论正确。

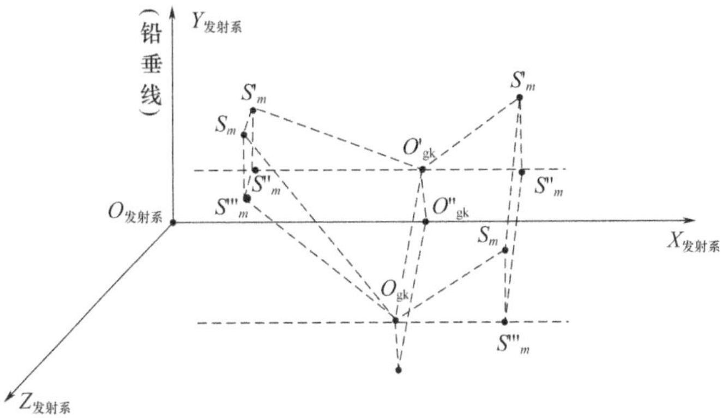

图6-5　测量点YOX平面投影

结论8　在发射坐标系下，定义点$O_{g_k}(k=1,2)$为$g_k \in G_{测量站}$测量坐标系坐标原点，$R_{g_k}^{约束}$、$E_{g_k}^{约束}(k=1,2)$分别为g_k有效测量范围对应的距离和俯仰角约束。如果满足$R_{g_1}^{约束} + R_{g_2}^{约束} < \|\boldsymbol{O}_{g1}\boldsymbol{O}_{g2}\|$，那么$g_1$、$g_2$的测量跟踪弧段不相交。

证明：假设存在某点S，同属g_1、g_2的有效跟踪测量点，那么必有$\|\boldsymbol{O}_{g1}\boldsymbol{S}\| \leqslant R_{g_1}^{约束}$，$\|\boldsymbol{O}_{g2}\boldsymbol{S}\| \leqslant R_{g_2}^{约束}$，对于$\triangle O_{g_1}SO_{g_2}$，根据两边之和大于第三边，可以得到$\|\boldsymbol{O}_{g1}\boldsymbol{S}\| + \|\boldsymbol{O}_{g2}\boldsymbol{S}\| > \|\boldsymbol{O}_{g1}\boldsymbol{O}_{g2}\|$，进一步可得到$R_{g_1}^{约束} + R_{g_2}^{约束} > \|\boldsymbol{O}_{g_1}\boldsymbol{O}_{g_2}\|$，这与题设矛盾，所以$S$点不存在。

结论9　在发射坐标系下，定义点$O_{g_k}(k=1,2)$为$g_k \in G_{测量站}$测量坐标系坐标原点，$R_{g_k}^{约束}$、$E_{g_k}^{约束}(k=1,2)$分别为g_k有效测量范围对应的距离和俯仰角约束；定义$H_{g_{1,2}}$为O_{g_1}、O_{g_2}在$OY_{发射系}$轴向上高度差。如果$R_{g_1}^{约束}\cos E_{g_1}^{约束} + R_{g_2}^{约束}\cos E_{g_2}^{约束} + H_{g_{1,2}} < \|\boldsymbol{O}_{g_1}\boldsymbol{O}_{g_2}\|$，那么$g_1$、$g_2$的测量跟踪弧段不相交。

证明：如图6-6所示，假设存在某点S，同属g_1、g_2有效跟踪测量点，$S'_{g_k}(k=1,2)$为S在过O_{g_k}且与$YOX_{发射系}$平面相平行平面上的投影，O'_{g_1}为O_{g_1}在过O_{g_2}且与$YOX_{发射系}$平面相平行平面上的投影，那么可以得到$L_{g_k} = \|\boldsymbol{O}_{gk}\boldsymbol{S}\| \leqslant R_{g_k}^{约束}$，$E_{g_k} = \angle SO_{g_k}S'_{g_k} \geqslant E_{g_k}^{约束}$，$\|\boldsymbol{O}_{gk}\boldsymbol{S}'_{gk}\| = L_{g_k}\cos E_{g_k} \leqslant R_{g_k}^{约束}\cos E_{g_k}^{约束}$，对于$\triangle O_{g_2}O_{g_1}S'_{g_1}$，根据两边之和大于第三边，可得$\|\boldsymbol{O}_{g2}\boldsymbol{O}_{g1}\| < \|\boldsymbol{O}_{g_2}\boldsymbol{S}'_{g_1}\| + \|\boldsymbol{O}'_{g_1}\boldsymbol{S}'_{g_1}\|$，对于$\triangle O_{g_2}S'_{g_1}S'_{g_2}$，根据两边之和大于第三边，可得$\|\boldsymbol{O}_{g_2}\boldsymbol{S}'_{g_1}\| < H_{g_{1,2}} + \|\boldsymbol{O}_{g2}\boldsymbol{S}'_{g_2}\|$，所以

$\|\boldsymbol{O}_{g_2}\boldsymbol{O}_{g_1}\| < \|\boldsymbol{O}_{g_1}\boldsymbol{S}'_{g_1}\| + \|\boldsymbol{O}_{g_2}\boldsymbol{S}'_{g_2}\| + H_{g_{1,2}} \leqslant R_{g_1}^{约束}\cos E_{g_1}^{约束} + R_{g_2}^{约束}\cos E_{g_2}^{约束} + H_{g_{1,2}}$，这与题设矛盾，所以 S 点不存在。

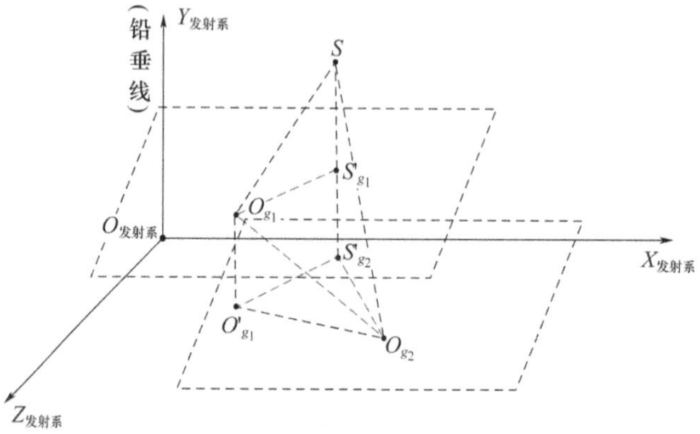

图 6－6　测量点 ZOX 平面投影

结论 10　在发射坐标系下，定义点$O_{g_k}(k=1,2)$为$g_k \in G_{测量站}$测量坐标系坐标原点，O'_{g_k}为O_{g_k}在 $YOX_{发射系}$平面的投影点，O''_{g_k}为O'_{g_k}在 $O\,X_{发射系}$轴上的投影点，如果满足$\|\boldsymbol{O}_{发射系}\boldsymbol{O}''_{g_1}\| < \|\boldsymbol{O}_{发射系}\boldsymbol{O}''_{g_2}\|$，且$\|\boldsymbol{O}_{发射系}\boldsymbol{O}''_{g_1}\| + R_{g_1}^{约束}\cos E_{g_1}^{约束} < \|\boldsymbol{O}_{发射系}\boldsymbol{O}''_{g_2}\| - R_{g_2}^{约束}\cos E_{g_2}^{约束}$，则$g_1$、$g_2$的测量跟踪弧段不相交。其中，$R_{g_k}^{约束}$、$E_{g_k}^{约束}$分别为$g_k$有效测量范围对应的距离和俯仰角约束。

证明：如图 6－7 所示，定义$S_{g_k}(t_0)$、$S_{g_k}(t_1)(k=1,2)$分别为g'_{i_k}最大测量跟踪弧段的起始点和结束点，$S'_{g_k}(t_j)(j=0,1)$为$S_{g_k}(t_j)$在 $YO\,X_{发射系}$平面投影，$S''_{g_k}(t_j)$分别为$S'_{g_k}(t_j)$在 $O\,X_{发射系}$轴上投影，$S'''_{g_k}(t_j)$为$S'_{g_k}(t_j)S''_{g_k}(t_j)$与过$O'_{g'_{i_k}}$点且与 $OX_{发射系}$轴平行的线的相交点，令$\|\boldsymbol{O}'_{gk}\boldsymbol{S}'_{g_k}(t_j)\| = L'_{gk,j}$，$\angle S'_{g_k}(t_j)O'_{g_k}S'''_{g_k}(t_j) = E'_{gk,j}$，则$L'_{gk,j} \leqslant R'^{约束}_{g_k}$，$E'_{gk,j} \geqslant E'^{约束}_{g_k}$，其中，$R'^{约束}_{g_k}$、$E'^{约束}_{g_k}$分别为$g'_{i_k}$有效测量范围在 $YOX_{发射系}$平面投影后对应距离和俯仰角约束。

下面分几种情况进行证明。

情况 1：$\|\boldsymbol{O}_{发射系}\boldsymbol{S}''_{g_1}(t_1)\| \leqslant \|\boldsymbol{O}_{发射系}\boldsymbol{O}''_{g_1}\|$，或者$\|\boldsymbol{O}_{发射系}\boldsymbol{S}''_{g_2}(t_0)\| \geqslant \|\boldsymbol{O}_{发射系}\boldsymbol{O}''_{g_2}\|$。根据题设条件，由于$\|\boldsymbol{O}_{发射系}\boldsymbol{O}''_{g_1}\| < \|\boldsymbol{O}_{发射系}\boldsymbol{O}''_{g_2}\|$，所以可得$\|\boldsymbol{O}_{发射系}\boldsymbol{S}''_{g'_{i_1}}(t_1)\| < \|\boldsymbol{O}_{发射系}\boldsymbol{S}''_{g'_{i_2}}(t_0)\|$。

情况 2：$\|\boldsymbol{O}_{发射系}\boldsymbol{S}''_{g_1}(t_1)\| > \|\boldsymbol{O}_{发射系}\boldsymbol{O}''_{g_1}\|$，并且$\|\boldsymbol{O}_{发射系}\boldsymbol{S}''_{g_2}(t_0)\| < \|\boldsymbol{O}_{发射系}\boldsymbol{O}''_{g_2}\|$。$\|\boldsymbol{O}_{发射系}\boldsymbol{S}''_{g_1}(t_1)\| = \|\boldsymbol{O}_{发射系}\boldsymbol{O}''_{g_1}\| + L'_{g1,1}\cos(E'_{g1,1})$，$E'_{g1,1} \geqslant E'^{约束}_{g_1} \geqslant E_{g_1}^{约束}$，$L'_{g1,1} \leqslant R'^{约束}_{g_1}$

$\leqslant R_{g_1}^{约束}$，所以$L'_{g1,1}\cos(E'_{g1,1})\leqslant R_{g_1}^{约束}\cos(E_{g_1}^{约束})$；

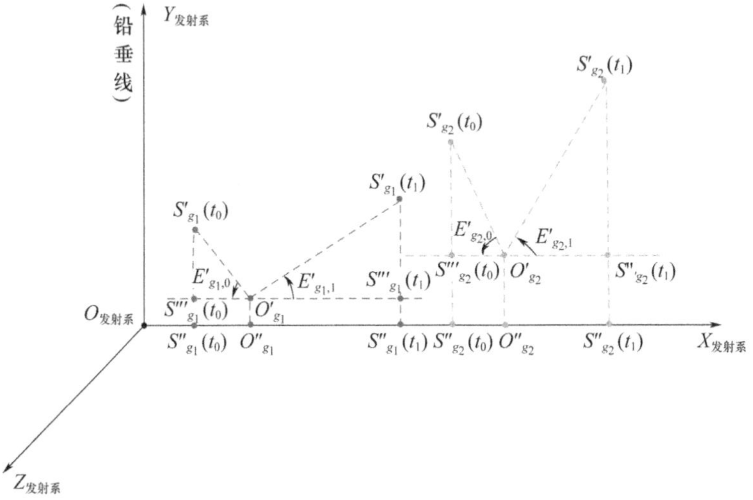

图 6-7　有效测量范围 *YOX* 平面投影

$\|\boldsymbol{O}_{发射系}\boldsymbol{S}''_{g_2}(t_0)\| = \|\boldsymbol{O}_{发射系}\boldsymbol{O}''_{g_2}\| - L'_{g2,0}\cos(E'_{g2,0})$，$E'_{g2,0}\geqslant E'^{约束}_{g_2}\geqslant E^{约束}_{g_2}$，$L'_{g2,0}\leqslant R'^{约束}_{g_2}\leqslant R^{约束}_{g_2}$，所以有 $L'_{g2,0}\cos(E'_{g2,0})\leqslant R^{约束}_{g_2}\cos(E^{约束}_{g_2})$，$\|\boldsymbol{O}_{发射系}\boldsymbol{S}''_{g_1}(t_1)\|\leqslant\|\boldsymbol{O}_{发射系}\boldsymbol{O}''_{g_1}\| + R^{约束}_{g_1}\cos E^{约束}_{g_1} < \|\boldsymbol{O}_{发射系}\boldsymbol{O}''_{g_2}\| - R^{约束}_{g_2}\cos E^{约束}_{g_2}\leqslant\|\boldsymbol{O}_{发射系}\boldsymbol{S}''_{g_2}(t_0)\|$。

综合上述两种情况分析可知，如果满足$\|\boldsymbol{O}_{发射系}\boldsymbol{O}''_{g_1}\| < \|\boldsymbol{O}_{发射系}\boldsymbol{O}''_{g_2}\|$，且$\|\boldsymbol{O}_{发射系}\boldsymbol{O}''_{g_1}\| + R^{约束}_{g_1}\cos E^{约束}_{g_1} < \|\boldsymbol{O}_{发射系}\boldsymbol{O}''_{g_2}\| - R^{约束}_{g_2}\cos E^{约束}_{g_2}$，则有$\|\boldsymbol{O}_{发射系}\boldsymbol{S}''_{g_1}(t_1)\| < \|\boldsymbol{O}_{发射系}\boldsymbol{S}''_{g_2}(t_0)\|$成立。结论得证。

结论 11　在发射坐标系下，定义$O_{g_k}(k=1,2)$为$g_k\in G_{测量站}$测量坐标系坐标原点，O'_{g_1}为O_{g_1}在过O_{g_2}且与$ZOX_{发射系}$平行的平面上的投影点。如果两者满足如下条件：$R^{约束}_{g_2} > R^{约束}_{g_1} + \|\boldsymbol{O}_{g_1}\boldsymbol{O}_{g_2}\|$，$y_{g_1}\geqslant y_{g_2}$，$E^{约束}_{g_2}\leqslant\angle O_{g_1}O'_{g_1}O_{g_2}\leqslant E^{约束}_{g_1}(j=1,2)$，则$g_2$的测量弧段包含$g_1$。其中，$R^{约束}_{g_k}$、$E^{约束}_{g_k}$分别为$g_k$有效测量范围对应的距离和俯仰角约束。

证明：令 $Arc_{g_k}=\{S_{g_k}(t_n)\}(k=1,2,n=1,..,N_{g_k})$为$g_k$跟踪测量弧段上点集；$S'_{g1,k}(t_n)$为$S_{g_1}(t_n)$在过$O_{g_k}$且与$ZOX_{发射系}$平行的平面上的投影点。下面证明对于任意的$S_{g_1}(t_n)\in Arc_{g_1}$，必然有$S_{g_1}(t_n)\in Arc_{g_2}$成立。

对于$\triangle S_{g_1}(t_n)O_{g_1}O_{g_2}$，可以得到$\|\boldsymbol{S}_{g_1}(t_n)\boldsymbol{O}_{g_2}\|\leqslant\|\boldsymbol{S}_{g1}(t_n)\boldsymbol{O}_{g_1}\| + \|\boldsymbol{O}_{g_1}\boldsymbol{O}_{g_2}\|\leqslant$

$R_{g_1}^{约束} + \|\boldsymbol{O}_{g_1}\boldsymbol{O}_{g_2}\| < R_{g_2}^{约束}$。

令$E_k = \angle S_{g_1}(t_n)O_{g_k}S'_{g_1,k}(t_n)$，分析$E_2$与$E_{g_2}^{约束}$关系。定义$O''_{g_1}$为过$O_{g_1}$且与$ZOX_{发射系}$平行的平面的点，$O'''_{g_1}$为$O''_{g_1}$在过$O_{g_2}$且与$ZOX_{发射系}$平行的平面的投影点，满足$O'''_{g_1}$位$S'_{g_1,2}(t_n)O_{g_2}$直线上，且$\|\boldsymbol{O}_{g2}\boldsymbol{O}'''_{g1}\| = \|\boldsymbol{O}_{g2}\boldsymbol{O}'_{g1}\|$；$S$为$O''_{g_1}O_{g_2}$直线与$S_{g_1}(t_n)S'_{g_1,1}(t_n)$直线的相交点，满足$\angle SO_{g_2}S'_{g_1,2}(t_n) = \angle O_{g_1}O_{g_2}O'_{g_1}$。分以下两种情况进行分析。

情况1：如果$\|\boldsymbol{S}'_{g_1,2}(t_n)\boldsymbol{O}_{g_2}\| > \|\boldsymbol{O}'''_{g1}\boldsymbol{O}_{g2}\|$。如图6-8所示，假设$E_2 < E_{g_2}^{约束}$，那么$\|\boldsymbol{S}_{g1}(t_n)\boldsymbol{S}'_{g_1,2}(t_n)\| < \|\boldsymbol{S}\boldsymbol{S}'_{g_1,2}(t_n)\|$。令$l_1 = \|\boldsymbol{O}_{g2}\boldsymbol{O}'''_{g1}\|$，$l_2 = \|\boldsymbol{O}_{g2}\boldsymbol{O}'_{g1}\|$，$l_3 = \|\boldsymbol{O}'''_{g_1}\boldsymbol{S}'_{g_1,2}(t_n)\|$，$l_4 = \|\boldsymbol{O}'_{g_1}\boldsymbol{S}'_{g_1,2}(t_n)\|$，$l_5 = \|\boldsymbol{O}''_{g_1}\boldsymbol{S}'_{g_1,1}(t_n)\|$，$l_6 = \|\boldsymbol{O}_{g_1}\boldsymbol{S}'_{g_1,1}(t_n)\|$，根据题设$\angle O_{g_1}O'_{g_1}O_{g_2} \leqslant E_{g_1}^{约束}$，得到$l_5 > l_6$，又由于$l_5 = l_3$，$l_1 = l_2$，$l_4 = l_6$，所以，$l_1 + l_3 > l_2 + l_4$，这与两边之和大于第三边矛盾。所以，$E_2 \geqslant E_{g_2}^{约束}$。

情况2：如果$\|\boldsymbol{S}'_{g_1,2}(t_n)\boldsymbol{O}_{g_2}\| < \|\boldsymbol{O}'''_{g_1}\boldsymbol{O}_{g_2}\|$。如图6-8所示，可知$\|\boldsymbol{S}\boldsymbol{S}'_{g_1,2}(t_n)\| < \|\boldsymbol{O}_{g_1}\boldsymbol{O}'_{g_1}\|$，$\|\boldsymbol{S}_{g_1}(t_n)\boldsymbol{S}'_{g_1,2}(t_n)\| > \|\boldsymbol{O}_{g_1}\boldsymbol{O}'_{g_1}\|$，所以可得，$E_2 > \angle SO_{g_2}S'_{g_1,2}(t_n) \geqslant E_{g_2}^{约束}$。

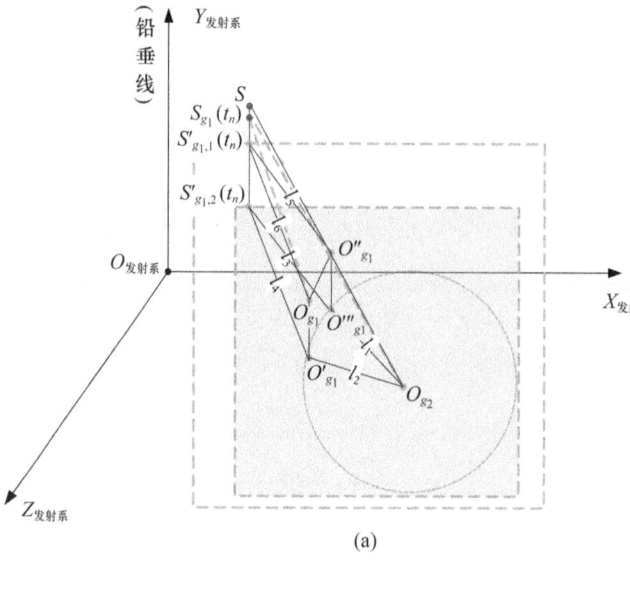

(a)

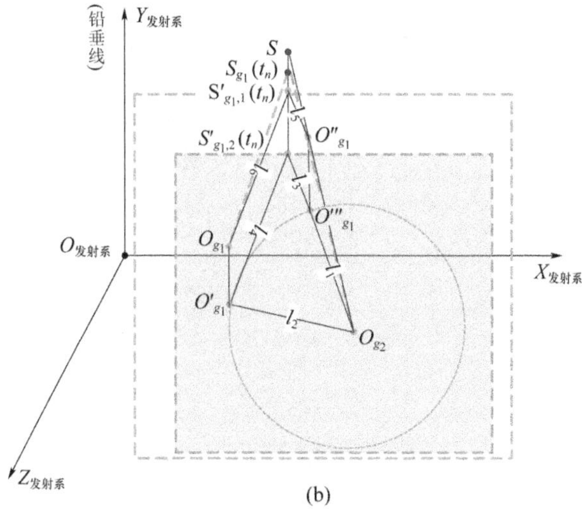
(铅垂线)
Y发射系
S
Sg1(tn)
S′g1,1(tn)
S′g1,2(tn)
O″g1
O‴g1
Og1
O发射系
X发射系
O′g1
l2
Og2
Z发射系

(b)

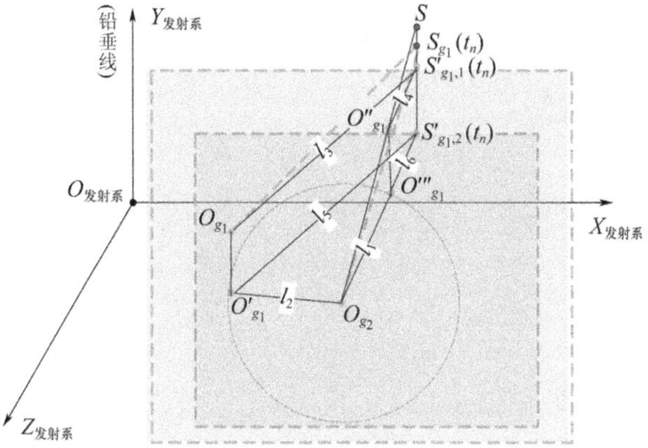
(铅垂线)
Y发射系
S
Sg1(tn)
S′g1,1(tn)
O″g1
S′g1,2(tn)
O‴g1
O发射系
X发射系
Og1
O′g1
l2
Og2
Z发射系

(c)

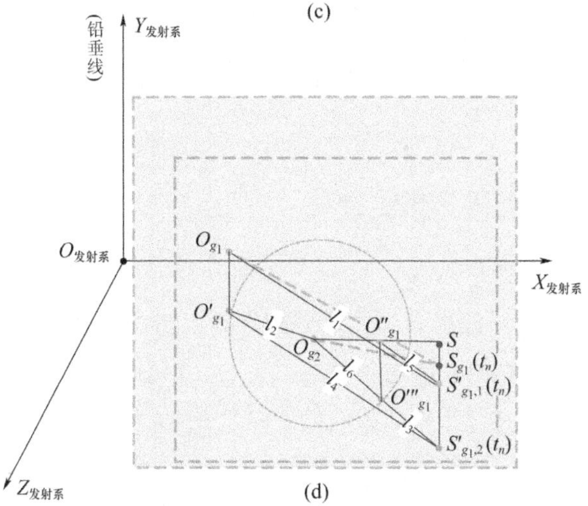
(铅垂线)
Y发射系
Og1
O发射系
X发射系
O′g1
l2
O″g1
S
Og2
Sg1(tn)
S′g1,1(tn)
O‴g1
S′g1,2(tn)
Z发射系

(d)

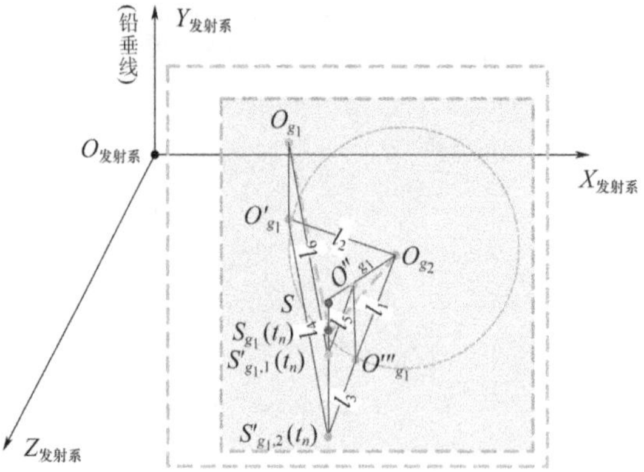

(e)

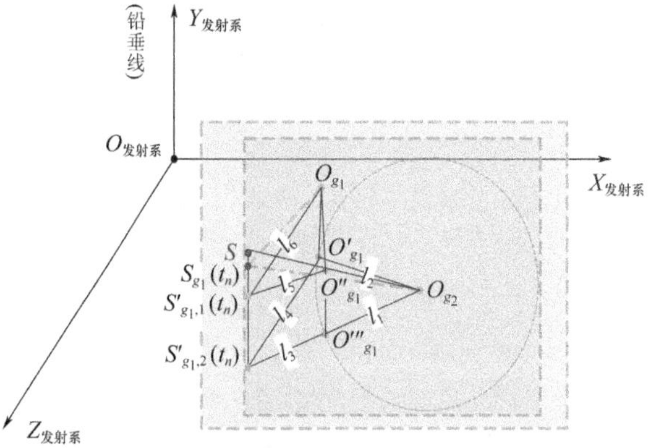

(f)

图 6－8　有效测量范围包含关系分析

综合上述两种情况分析可知，$E_2 \geqslant E_{g_2}^{\text{约束}}$，再结合$\|\boldsymbol{S}_{g_1}(t_n)\boldsymbol{O}_{g_2}\| < R_{g_2}^{\text{约束}}$，可以得到$S_{g_1}(t_n) \in Arc_{g_2}$。

6.2.4　首区测控车选址算法

1. 算法概述

由于测量轨迹为从发射点到一级分离点的轨迹，测控车在不同的测量点位，其测量效果不同，所以需要设定一些测量点位，如每隔一定距离取一个测量点，对每组离散的弹道数据，计算其相应的跟踪仰角、天线增益估算和天线方向角，根据这 3 个判定条件，去选择最优的测量点位。

（1）当测控车跟踪仰角不在 5 ~ 87 之间时，当前测量点不符合要求。

（2）天线增益分上行与下行，当上行 $10\times\lg(pt)-(32.45+20\lg(dkm)+20\lg(fmhz))\times 30>sm$，下行 $10\times\lg(pm)-(32.45+20\lg(dkm)+20\lg(fmhz))\times 30>sg$，则测量点满足需求，否则，不符合要求。

（3）当天线方向角在 310° ~ 330°之间时，其测量效果不好；当介于[0°, 330°]和介于(330°,360°)时，测量效果好。将效果好的值占总数的百分比作为测量点位的评估值，依次计算出每个测量点位的评估值，选取评估值最高的所对应的点位，即是所求的最佳测量点位。

2. 算法设计

第一步：预设 N 个候选测量点位坐标。

第二步：根据输入的相关参数，计算跟踪仰角，以及天线增益上行和下行，根据跟踪仰角和天线增益上下行的范围，保留满足要求的预设候选测量点。

第三步：计算每个时刻将发射坐标系坐标转换成箭体坐标系坐标的转换矩阵，其中需要用到每个时刻的偏航角和俯仰角。

第四步：根据转换矩阵，求出每个时刻测控车在箭体坐标系下的坐标。

第五步：根据测控车在箭体坐标系下的坐标，求出天线方向角。

第六步：根据天线方向角范围，计算运载火箭每个时刻对应的测量侧天线方向角的范围。

第七步：根据天线方向角的范围，计算候选测量点的评估值。

第八步：从保留的候选测量点中选取最优评估值对应的测量点坐标，即为算法所求的最优测量点，将其转成大地坐标经纬度输出。

6.3　卫星过境窗口计算模型

6.3.1　卫星对地面站可见性判断计算模型

1. 输入/输出

输入：当前时刻目标卫星位置、目标卫星半波束角、地面站经纬度(λ,φ)和高程 H。

输出:当前时刻是否可见(true/false)。

2. 调用条件

选定空间目标,设定好过境分析起始时间和终止时间及任务区域,加载目标轨道预报数据,开始目标过境分析后调用该模型。设定好车辆、预计出发时间、机动路线起始点,开始路线规划及安全窗口分析后调用该模型。

3. 模型算法

地面站位于地球表面上,地面站与卫星之间的可见性取决于卫星到地心延长线与卫星到地面站矢量的夹角,如果夹角小于设定半波束角α_2($\alpha_2 \geqslant 0°$),同时满足地面站到地心延长线与卫星到地面站连线的夹角α_3($\alpha_3 \geqslant 90°$),则地面站与卫星之间物理可见,反之不可见,如图6-9所示。

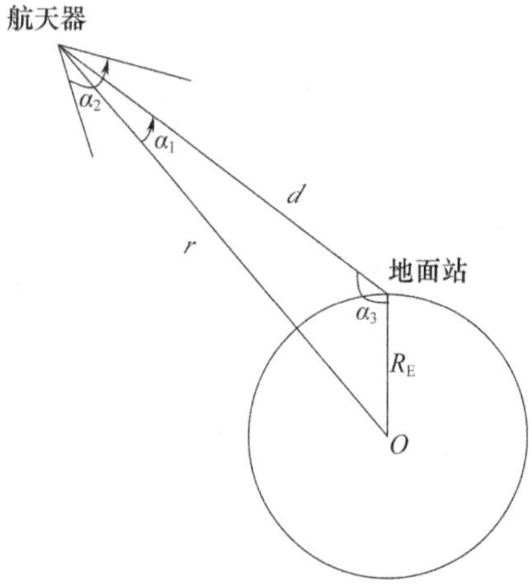

图6-9 地面站与卫星可见性示意图

设地面站经纬度位置为(λ,ϕ),高程为H,计算地面测站的笛卡儿坐标(x_R, y_R, z_R),即

$$\begin{cases} x_R = (R_E + H)\cos\phi\cos\lambda \\ y_R = (R_E + H)\cos\phi\sin\lambda \\ z_R = (R_E + H)\sin\phi \end{cases}$$

根据卫星的轨道根数,可以计算卫星在地心固连坐标系下的笛卡儿坐标(x_S, y_S, z_S),因此,卫星与地面站之间的距离为

$$d=\sqrt{(x_S-x_R)^2+(y_S-y_R)^2+(z_S-z_R)^2},$$

由图 6－9 的三角关系，可由 d、R_E 和卫星地心距 r 计算出卫星到地心延长线与卫星到地面站矢量的夹角 α_1，即

$$\alpha_1=\arccos((r^2+d^2-R_E^2)/(2\times r\times d))$$

计算地面站到地心延长线与卫星到地面站连线的夹角 α_3，即

$$\alpha_3=\arccos((d^2+R_E^2-r^2)/(2\times d\times R_E))$$

显然，如果 $\alpha_1\leqslant\alpha_2$，并且 $\alpha_3\geqslant 90°$，则卫星与地面站之间物理可见，而且满足可通要求；否则，两者间不可见，卫星此时不能完成对地面站的跟踪。

6.3.2　卫星对地面站可见弧段计算模型

1. 输入/输出

输入：带时间戳的目标卫星轨迹、半波束角、地面站经纬度 (λ,φ) 和高程 H。

输出：可见窗口集合 arc。

2. 调用条件

选定空间目标，设定好过境分析起始时间和终止时间及任务区域，加载目标轨道预报数据，开始目标过境分析后调用该模型。设定好车辆、预计出发时间、机动路线起始点，开始路线规划及安全窗口分析后调用该模型。

3. 模型算法

利用迭代法可计算给定时间内目标卫星对地面站的可见弧段。根据带时间戳的目标卫星轨迹，遍历判断各个时刻目标卫星对地面站的可见情况，卫星最后看见地面站时刻与最先看见地面站时刻的差值，就是目标卫星对地面站的可见弧段，计算模型流程如图 6－10 所示。

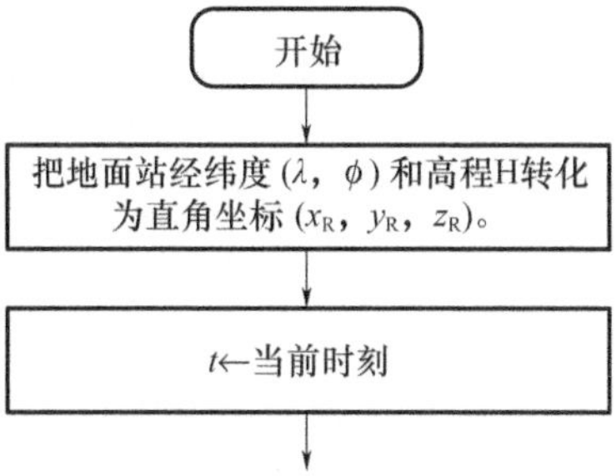

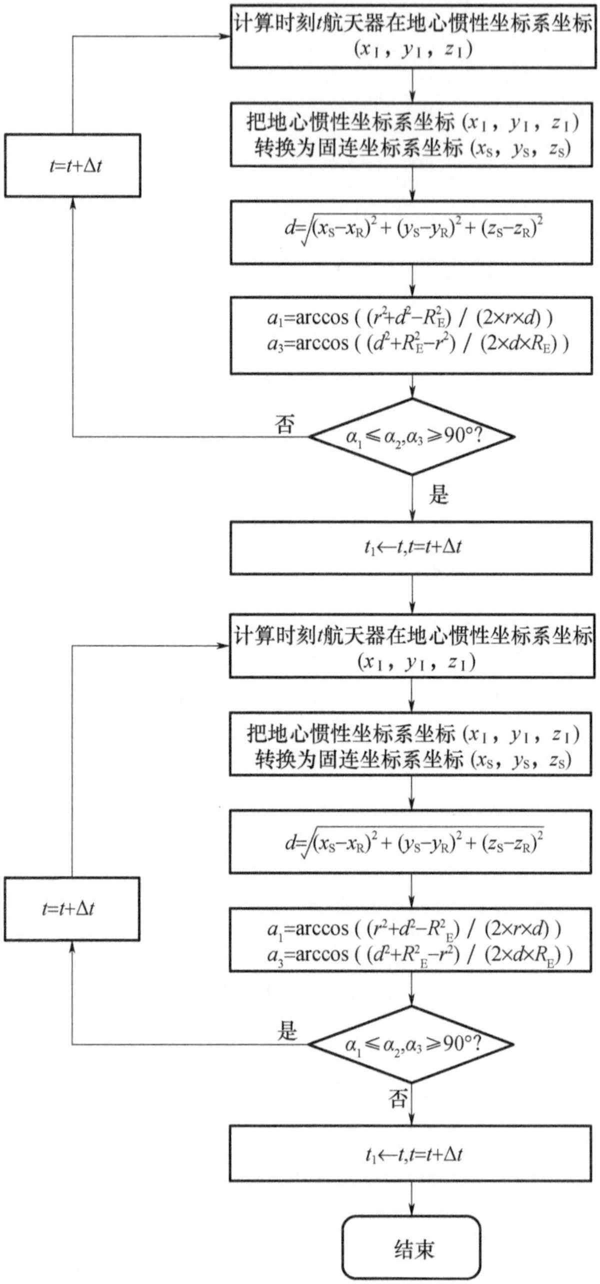

图 6－10　目标卫星对地面站的可见弧段计算模型流程

6.3.3　地面站对卫星可见性判断计算模型

1. 输入/输出

输入：当前时刻目标卫星的位置、地面站位置、测控设备最大仰角α_{max}与最小仰角α_{min}。

输出：当前时刻是否可见(true/false)。

2. 调用条件

选定空间目标，设定好过境分析起始时间和终止时间及任务区域，加载目标轨道预报数据，开始目标过境分析后调用该模型。设定好车辆、预计出发时间、机动路线起始点，开始路线规划及安全窗口分析后调用该模型。

3. 模型算法

地面站位于地球表面上，地面站与卫星之间的可见性取决于地面站相对卫星的仰角，如果仰角大于一个设定最小临界值α_{min}且小于一个最大的临界值α_{max}，则地面站与卫星之间物理可见，反之不可见，如图 6-11 所示。

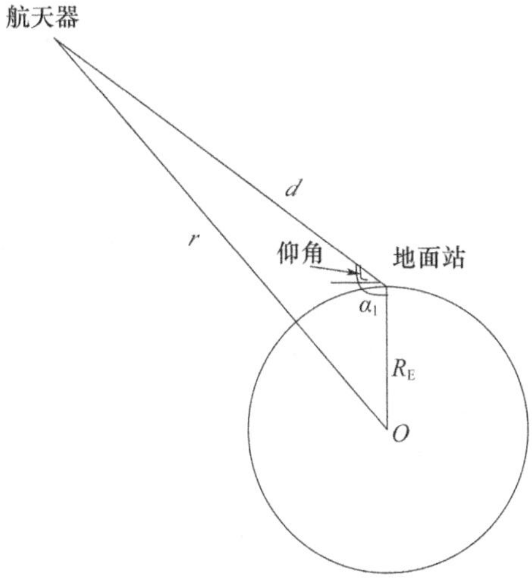

图 6-11　地面站与卫星可见性示意图

设地面站经纬度位置为(λ,φ)，高程为 H，计算地面测站的笛卡儿坐标(x_R, y_R, z_R)，即

$$\begin{cases} x_R = (R_E + H)\cos\phi\cos\lambda \\ y_R = (R_E + H)\cos\phi\sin\lambda \\ z_R = (R_E + H)\sin\phi \end{cases}$$

根据卫星的轨道根数,可以计算卫星在地心固连坐标系下的笛卡儿坐标(x_S, y_S, z_S),因此,卫星与地面站之间的距离为

$$d = \sqrt{(x_S - x_R)^2 + (y_S - y_R)^2 + (z_S - z_R)^2}$$

由图6-11的三角关系,可由d,R_E和卫星地心距r计算出地面站与卫星连线和地面站与地心连线之间的张角α_1,即

$$\alpha_1 = \arccos((R_E^2 + d^2 - r^2)/(2 \times R_E \times d))$$

显然,如果$a_{\min} \leqslant a_1 - 90° \leqslant a_{\max}$,则地面站与卫星之间物理可见,且满足可通要求,否则,两者之间不可见,地面站此时不能完成对卫星的跟踪控制。

6.3.4 地面站对卫星可见弧段计算模型

1. 输入/输出

输入:带时间戳的目标卫星轨迹、地面站经纬度(λ, ϕ)和高程H、测控设备最大仰角$\alpha_{\max}$与最小仰角$\alpha_{\min}$。

输出:可见窗口集合arc。

2. 调用条件

选定空间目标,设定好过境分析起始时间和终止时间及任务区域,加载目标轨道预报数据,开始目标过境分析后调用该模型。设定好车辆、预计出发时间、机动路线起始点,开始路线规划及安全窗口分析后调用该模型。

3. 模型算法

卫星沿着预定的轨道运行,由于地球的遮挡和地面站测控设备性能的限制,对地面站来说,卫星在某个运行圈次,要么不可见,要么只有一段可见,弧段的长短与卫星的轨道、地面站的位置和测控设备的性能有关。

利用迭代法可以计算一个圈次内地面站对目标卫星的可见弧段。根据带时间戳的目标卫星轨迹,遍历判断各个时刻地面站对目标卫星的可见情况,地面站最后看见卫星时刻与最先看见卫星时刻的差值就是可见弧段,计算模型流程如图6-12所示。

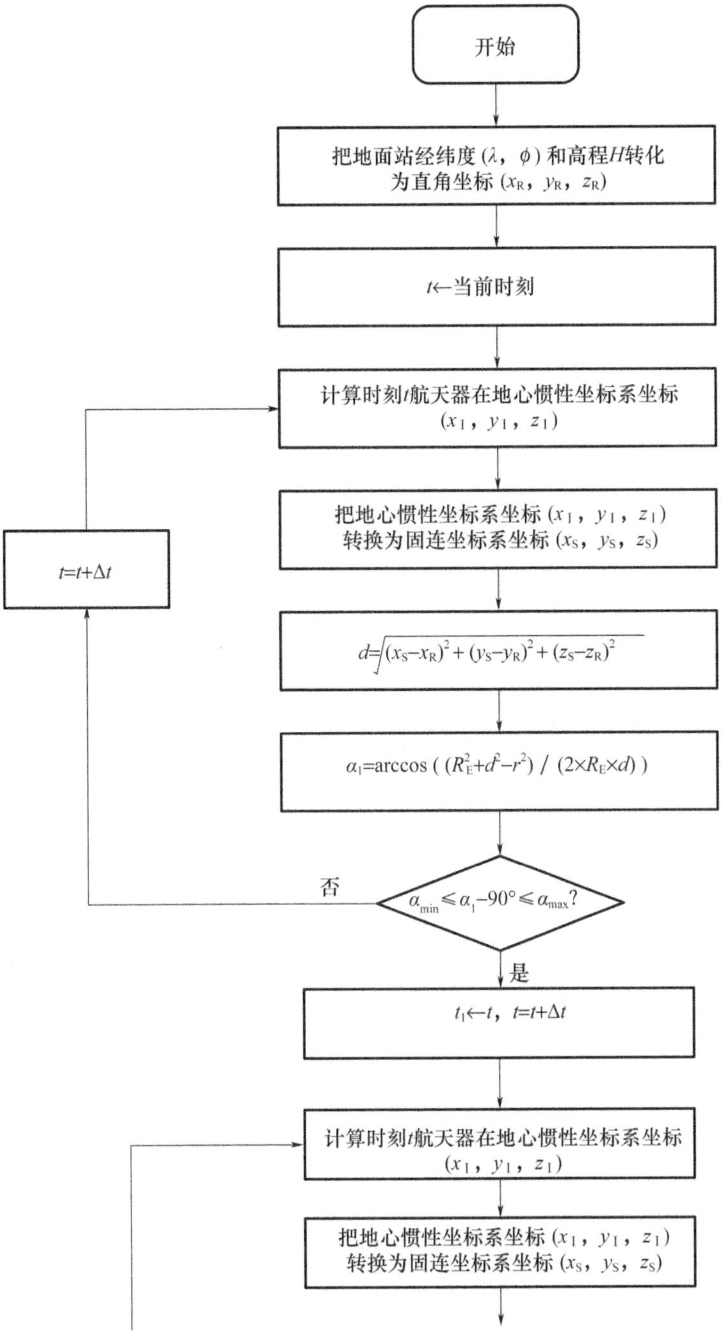

开始
把地面站经纬度（λ，φ）和高程H转化为直角坐标（x_R，y_R，z_R）
t←当前时刻
计算时刻t航天器在地心惯性坐标系坐标（x_I，y_I，z_I）
把地心惯性坐标系坐标（x_I，y_I，z_I）转换为固连坐标系坐标（x_S，y_S，z_S）
$d=\sqrt{(x_S-x_R)^2+(y_S-y_R)^2+(z_S-z_R)^2}$
$\alpha_1=\arccos((R_E^2+d^2-r^2)/(2\times R_E\times d))$
$\alpha_{min}\leqslant\alpha_1-90°\leqslant\alpha_{max}$?
否
$t=t+\Delta t$
是
$t_1\leftarrow t$，$t=t+\Delta t$
计算时刻t航天器在地心惯性坐标系坐标（x_I，y_I，z_I）
把地心惯性坐标系坐标（x_I，y_I，z_I）转换为固连坐标系坐标（x_S，y_S，z_S）

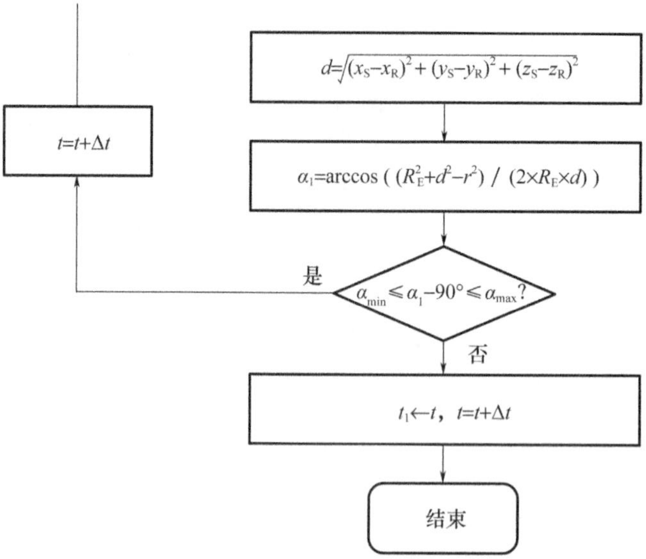

图 6-12　地面站对目标卫星的可见弧段计算模型流程

6.4　多点齐射碰撞分析计算模型

多点齐射是指在多个发射点位上同时执行同一波次固体运载火箭发射任务,从而达到快速卫星组网\补网的目标,为避免出现弹道交叉的情况,需要开展多点齐射碰撞分析。多点齐射碰撞分析计算模型以主运载火箭箭体坐标系为参考基准定义主从运载火箭的相遇平面,将计算碰撞概率的问题转化为计算二维PDF 在圆域内的积分问题,同时取概率积分首项作为碰撞概率的近似值,确保计算误差和计算效率的有效平衡。

6.4.1　基本原理

多点齐射碰撞分析计算模型的量化指标就是根据运载火箭的标准弹道和偏差弹道分析计算任意两个运载火箭之间的碰撞概率,为合理选择安全发射窗口提供分析计算依据,从而在任务实施过程中大大降低严重事故的发生概率。

运载火箭碰撞概率计算的基本思路：已知主运载火箭在t_{10}时刻的状态矢量$\overline{\boldsymbol{X}}_1(t_{10})$和误差协方差矩阵$\boldsymbol{P}_1(t_{10})$，从运载火箭在$t_{20}$时刻的状态矢量$\overline{\boldsymbol{X}}_2(t_{20})$和误差协方差矩阵$\boldsymbol{P}_2(t_{20})$，其中状态矢量$\overline{\boldsymbol{X}}=(\vec{\boldsymbol{r}},\vec{\boldsymbol{v}})$和协方差矩阵$\boldsymbol{P}$在相同的坐标系中描述（如发射坐标系）。两个运载火箭按照各自的弹道轨迹飞行，通过合适的接近分析算法，确定在未来某一时刻两运载火箭距离达到最近，最接近时刻为t_{tca}，此时两个运载火箭的状态矢量和误差协方差矩阵分别为$\overline{\boldsymbol{X}}_1(t_{\text{tca}})$、$\boldsymbol{P}_1(t_{\text{tca}})$和$\overline{\boldsymbol{X}}_2(t_{\text{tca}})$、$\boldsymbol{P}_2(t_{\text{tca}})$，根据$\overline{\boldsymbol{X}}_1(t_{\text{tca}})$、$\boldsymbol{P}_1(t_{\text{tca}})$和$\overline{\boldsymbol{X}}_2(t_{\text{tca}})$、$\boldsymbol{P}_2(t_{\text{tca}})$可计算两个运载火箭发生碰撞的概率$\boldsymbol{P}_C$，如图 6－13 所示。

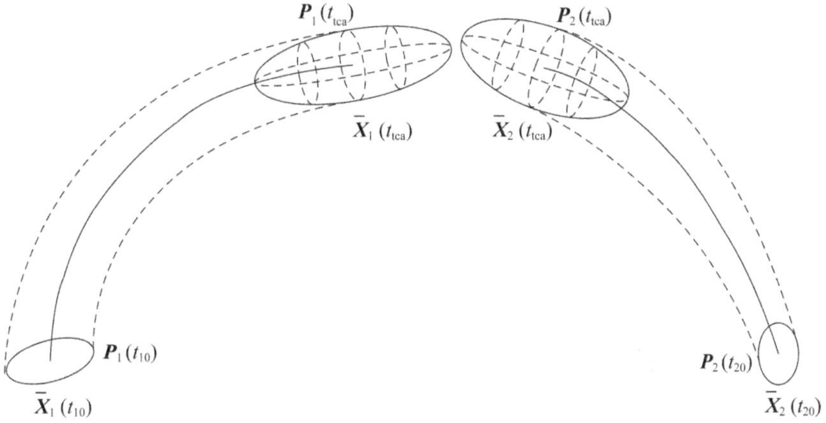

图 6－13　两运载火箭碰撞概率计算的基本思路

两个运载火箭碰撞概率计算的前提条件如下：两个运载火箭发射坐标系下的标准弹道参数已知，从而确定了状态矢量；两个运载火箭发射坐标系下的偏差弹道参数（3σ 位置误差管道偏差）已知，从而确定了安全半径和误差椭球大小；运载火箭位置误差服从三维高斯分布，从而可以由分布中心（弹道参数位置）和位置误差标准差来描述。

当两个运载火箭之间的距离小于其安全半径之和时，认为可能发生碰撞，因此碰撞概率定义为两个运载火箭之间的接近距离小于其安全半径之和的概率，该概率的计算过程实质上是在误差椭球内对概率密度函数求解三重积分的问题，积分计算过程复杂，不便于编程实现，因此需要等效转化。以主运载火箭箭体坐标系为参考基准，当两个运载火箭在距离最接近时，在参考基准内定义二者的相遇平面，此时两运载火箭均位于该平面内。

箭体坐标系的坐标原点为运载火箭质心O_M，X_M轴指向运载火箭头部并与箭轴重合，Y_M轴在过O_M的截面内指向Ⅲ舵面，Z_M轴与X_M轴、Y_M轴构成右手坐标系，即指向Ⅳ舵面。其中，所谓舵面，是指传统的舵翼所在的位置，无论有无舵翼，运载火箭竖立在发射架上时，指向发射方向的位置视为Ⅰ舵面，如图6－14所示。

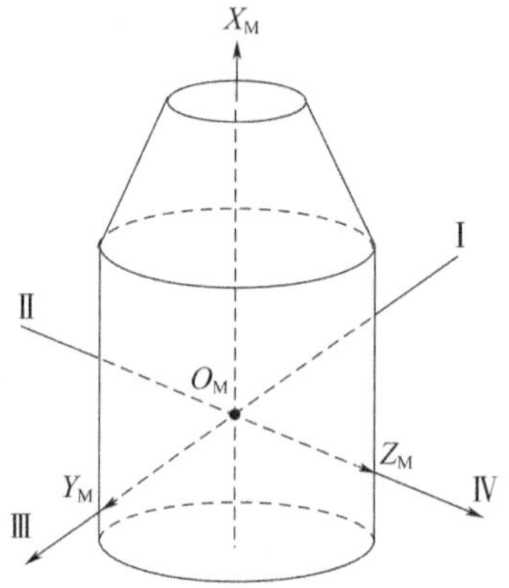

图6－14　运载火箭箭体坐标系定义

在主运载火箭箭体坐标系$O_{M1}X_{M1}Y_{M1}Z_{M1}$的相遇平面$Y_{M1}O_{M1}Z_{M1}$内，两个运载火箭的碰撞概率可表示为

$$P_C = \iint_{(y-\mu_Y)^2+(z-\mu_Z)^2 \leqslant R_A^2} \frac{1}{2\pi\sigma_Y\sigma_Z} \exp\left[-\frac{1}{2}\left(\frac{y^2}{\sigma_Y^2}+\frac{z^2}{\sigma_Z^2}\right)\right]\mathrm{d}y\mathrm{d}z \tag{6-21}$$

式中：μ_Y、μ_Z、σ_Y、σ_Z、R_A为相遇平面内的碰撞概率计算参数。

式(6－21)进行无穷级数展开后，仅取其首项作为概率积分的近似值，相对截断误差的量级为10^{-5}或更小，可以忽略不计，于是得到式(6－21)的近似计算公式为

$$P_C = \exp\left[-\frac{1}{2}\left(\frac{\mu_Y^2}{\sigma_Y^2}+\frac{\mu_Z^2}{\sigma_Z^2}\right)\right]\left[1-\exp\left(-\frac{R_A^2}{2\sigma_Y\sigma_Z}\right)\right] \tag{6-22}$$

式(6－22)为计算两运载火箭碰撞概率的基本公式。

6.4.2　算法流程

多点齐射碰撞分析计算的算法流程如图6－15所示。

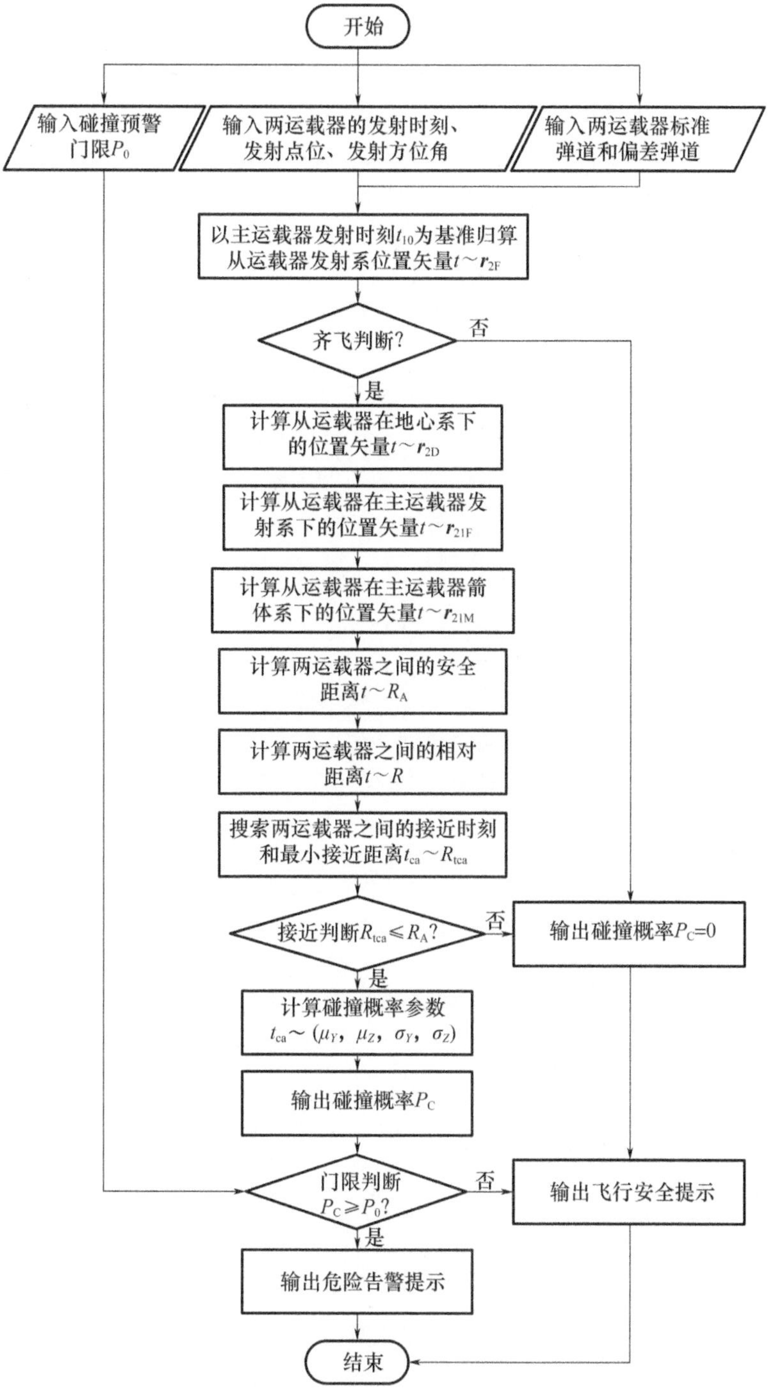

图 6－15　多点齐射碰撞分析计算的算法流程

1. 归算从运载火箭发射系位置矢量

由于两个运载火箭不一定在同一时刻点火发射,因此以主运载火箭发射时刻t_{10}为参考基准,采用线性插值法将从运载火箭发射坐标系位置矢量 $t_2 \sim \boldsymbol{r}'_{2F}$归算为与主运载火箭飞行时刻 t_1对齐位置矢量 $t \sim \boldsymbol{r}_{2F}$,公式如下。

当$t_2^{(i)} \leqslant t \leqslant t_2^{(i+1)}$时,有

$$\vec{\boldsymbol{r}}_{2F}(t) = \boldsymbol{r}'_{2F}(t_2^{(i)}) + \frac{t - t_2^{(i)}}{t_2^{(i+1)} - t_2^{(i)}}[\boldsymbol{r}'_{2F}(t_2^{(i+1)}) - \boldsymbol{r}'_{2F}(t_2^{(i)})] \tag{6-23}$$

式中:$t = t_2 + \Delta t$;$\Delta t = t_{10} - t_{20}$;$t_{10}$,$t_{20}$分别为主运载火箭发射时刻和从运载火箭发射时刻;$t_2$为从运载火箭飞行时刻;$i$ 为弹道参数点的序列计数。遍历从运载火箭所有弹道参数后,若式(6-23)的条件均不满足,则说明两运载火箭不存在齐飞情况,此时两运载火箭之间没有发生碰撞的风险。

2. 计算从运载火箭地心坐标系位置矢量

将从运载火箭发射坐标系位置矢量$\boldsymbol{r}_{2F}$转换为地心坐标系位置矢量$\boldsymbol{r}_{2D}$的计算公式为

$$\boldsymbol{r}_{2D} = \boldsymbol{r}_{20} + \boldsymbol{R}_Z\left(\frac{\pi}{2} - L_{20}\right)\boldsymbol{R}_X(-B_{20})\boldsymbol{R}_Y\left(\frac{\pi}{2} + A_{20}\right)\boldsymbol{r}_{2F} \tag{6-24}$$

式中:$\boldsymbol{r}_{2D}$为从运载火箭地心坐标系位置矢量;$\boldsymbol{r}_{2F}$为从运载火箭发射坐标系位置矢量;$\boldsymbol{r}_{20}$为从运载火箭发射点位地心坐标系位置矢量,各位置分量的计算公式如下。

$$\begin{bmatrix} X_{20} \\ Y_{20} \\ Z_{20} \end{bmatrix} = \begin{bmatrix} (N + H_{20})\cos B_{20}\cos L_{20} \\ (N + H_{20})\cos B_{20}\sin L_{20} \\ [N(1 - e^2) + H_{20}]\sin B_{20} \end{bmatrix}, \quad N = \frac{a}{\sqrt{1 - e^2\sin^2 B_{20}}}$$

式中:a 为地球椭球的长半径;$e^2 = \dfrac{a^2 - b^2}{a^2} = 2f - f^2$为地球椭球第一偏心率的平方;$b$ 为地球椭球的短半径;$f = \dfrac{a - b}{a}$为地球椭球的扁率;L_{20}、B_{20}、H_{20}为从运载火箭发射点位大地经度、大地纬度和高程;A_{20}为从运载火箭发射方位角。

$\boldsymbol{R}_X(\varepsilon_X)$、$\boldsymbol{R}_Y(\varepsilon_Y)$、$\boldsymbol{R}_Z(\varepsilon_Z)$为旋转矩阵,计算公式如下。

$$\boldsymbol{R}_X(\varepsilon_X) = \begin{bmatrix} 1 & 0 & 0 \\ 0 & \cos\varepsilon_X & \sin\varepsilon_X \\ 0 & -\sin\varepsilon_X & \cos\varepsilon_X \end{bmatrix}$$

$$\boldsymbol{R}_Y(\varepsilon_Y)=\begin{bmatrix}\cos\varepsilon_Y & 0 & -\sin\varepsilon_Y\\ 0 & 1 & 0\\ \sin\varepsilon_Y & 0 & \cos\varepsilon_Y\end{bmatrix}$$

$$\boldsymbol{R}_Z(\varepsilon_Z)=\begin{bmatrix}\cos\varepsilon_Z & \sin\varepsilon_Z & 0\\ -\sin\varepsilon_Z & \cos\varepsilon_Z & 0\\ 0 & 0 & 1\end{bmatrix}$$

式中：ε_X、ε_Y、ε_Z为两个坐标系轴向之间的欧拉角，坐标旋转时符合右手法则，即沿轴向顺时针旋转时欧拉角为正，沿轴向逆时针旋转时欧拉角为负。

3. 计算从运载火箭在主发射坐标系下位置矢量

将从运载火箭地心坐标系位置矢量$\boldsymbol{r}_{2D}$转换为主运载火箭发射坐标系位置矢量$\boldsymbol{r}_{21F}$的计算公式为

$$\boldsymbol{r}_{21F}=\boldsymbol{R}_Y\left(-\frac{\pi}{2}-A_{10}\right)\boldsymbol{R}_X(B_{10})\boldsymbol{R}_Z\left(L_{10}-\frac{\pi}{2}\right)(\boldsymbol{r}_{2D}-\boldsymbol{r}_{10}) \tag{6-25}$$

式中：$\boldsymbol{r}_{21F}$为从运载火箭在主运载火箭发射坐标系下的位置矢量；$\boldsymbol{r}_{2D}$为从运载火箭地心坐标系位置矢量；$\boldsymbol{r}_{10}$为主运载火箭发射点位地心坐标系位置矢量，各位置分量的计算公式为

$$\begin{bmatrix}X_{10}\\ Y_{10}\\ Z_{10}\end{bmatrix}=\begin{bmatrix}(N+H_{10})\cos B_{10}\cos L_{10}\\ (N+H_{10})\cos B_{10}\sin L_{10}\\ [N(1-e^2)+H_{10}]\sin B_{10}\end{bmatrix}$$

式中：L_{10}、B_{10}、H_{10}分别为主运载火箭发射点位大地经度、大地纬度和高程；A_{10}为主运载火箭发射方位角。

4. 计算从运载火箭在主箭体坐标系下位置矢量

将从运载火箭在主运载火箭发射坐标系下位置矢量$\boldsymbol{r}_{21F}$转换为主运载火箭箭体系下位置矢量$\boldsymbol{r}_{21M}$的计算公式为

$$\boldsymbol{r}_{21M}=\boldsymbol{R}_Z(\phi)\boldsymbol{R}_Y(\psi)\boldsymbol{R}_X(\gamma)(\boldsymbol{r}_{21F}-\boldsymbol{r}_{1F}) \tag{6-26}$$

式中：$\boldsymbol{r}_{21M}$为从运载火箭在主运载火箭箭体坐标系下的位置矢量；$\boldsymbol{r}_{21F}$为从运载火箭在主运载火箭发射坐标系下的位置矢量；$\boldsymbol{r}_{1F}$为主运载火箭发射坐标系下的位置矢量；ϕ、ψ、γ为主运载火箭发射坐标系姿态角，即俯仰角、偏航角和滚动角。

5. 计算两运载火箭安全距离

根据两运载火箭偏差弹道中的位置误差管道，按照式(6-23)将从运载火

箭位置误差管道归算到与主运载火箭飞行时刻 t_1 对齐的位置误差管道后，可计算得到两运载火箭之间的安全距离R_A，计算公式为

$$\begin{cases} R_{1A} = \dfrac{\sqrt{X_{1+}^2 + Y_{1+}^2 + Z_{1+}^2} + \sqrt{X_{1-}^2 + Y_{1-}^2 + Z_{1-}^2}}{2} \\ R_{2A} = \dfrac{\sqrt{X_{2+}^2 + Y_{2+}^2 + Z_{2+}^2} + \sqrt{X_{2-}^2 + Y_{2-}^2 + Z_{2-}^2}}{2} \\ R_A = R_{1A} + R_{2A} \end{cases} \tag{6-27}$$

式中：X_{1+}、Y_{1+}、Z_{1+}为主运载火箭位置误差管道正偏差；X_{1-}、Y_{1-}、Z_{1-}为主运载火箭位置误差管道负偏差；X_{2+}、Y_{2+}、Z_{2+}为从运载火箭位置误差管道正偏差；X_{2-}、Y_{2-}、Z_{2-}为从运载火箭位置误差管道负偏差。

6. 计算两个运载火箭相对距离

根据从运载火箭在主运载火箭箭体坐标系下的位置矢量$\boldsymbol{r}_{21\mathrm{M}}$，可计算得到两个运载火箭之间的相对距离 R，计算公式为

$$R = \sqrt{X_{21\mathrm{M}}^2 + Y_{21\mathrm{M}}^2 + Z_{21\mathrm{M}}^2} \tag{6-28}$$

式中：$X_{21\mathrm{M}}$、$Y_{21\mathrm{M}}$、$Z_{21\mathrm{M}}$为位置矢量$\boldsymbol{r}_{21\mathrm{M}}$的 3 个分量。

7. 搜索两个运载火箭最小接近距离

根据式(6-28)逐点计算出两个运载火箭之间的相对距离 R 后，搜索最小值及所对应时刻，即可得到两个运载火箭之间的接近时刻 t_{ca} 和最小接近距离R_{tca}。

8. 计算两个运载火箭碰撞概率

当满足$R_{\mathrm{tca}} \leqslant R_A$的条件时，各碰撞概率计算参数$\mu_Y$、$\mu_Z$、$\sigma_Y$、$\sigma_Z$可由下列公式得到。

$$\begin{cases} \mu_Y = Y_{21M} \\ \mu_Z = Z_{21M} \\ \sigma_{1Y} = (Y_{1+} + Y_{1-})/6 \\ \sigma_{2Y} = (Y_{2+} + Y_{2-})/6 \\ \sigma_{1Z} = (Z_{1+} + Z_{1-})/6 \\ \sigma_{2Z} = (Z_{2+} + Z_{2-})/6 \\ \sigma_Y = \sqrt{\sigma_{1Y}^1 + \sigma_{2Y}^2} \\ \sigma_Z = \sqrt{\sigma_{1Z}^2 + \sigma_{2Z}^2} \end{cases}$$

式中：Y_{21M}、Z_{21M}为从运载火箭 *tca* 时刻位置矢量$\boldsymbol{r}_{21M}$的两个分量；Y_{1+}、Y_{1-}、Z_{1+}、Z_{1-}为主运载火箭 *tca* 时刻位置误差管道的 4 个分量偏差；Y_{2+}、Y_{2-}、Z_{2+}、Z_{2-}为从运载火箭 *tca* 时刻位置误差管道的 4 个分量偏差。将上述参数代入式(6-22)，可得到两运载火箭在 *tca* 时刻的碰撞概率为

$$P_C = \exp\left[-\frac{1}{2}\left(\frac{\mu_Y^2}{\sigma_Y^2}+\frac{\mu_Z^2}{\sigma_Z^2}\right)\right]\left[1-\exp\left(-\frac{R_A^2}{2\sigma_Y\sigma_Z}\right)\right]$$

参考文献

[1] 冉隆隧. 航天工程设计实践[M]. 北京:中国宇航出版社,2013.

[2] 崔吉俊. 航天发射试验工程[M]. 北京:中国宇航出版社,2010.

[3] 龙乐豪. 总体设计[M]. 北京:宇航出版社,1991.

[4] 黄珹,刘林. 参考坐标系及航天应用[M]. 北京:电子工业出版社,2015.

[5] 张守信. 外弹道测量与卫星轨道测量基础[M]. 北京:国防工业出版社,1992.

[6] 夏南银. 航天测控系统[M]. 北京:国防工业出版社,2002.

[7] 熊志昂, 李红瑞, 赖顺香. GPS 技术与工程应用[M]. 北京:国防工业出版社, 2005.

[8] 白显宗,陈磊. 空间目标碰撞概率的显式表达式及影响因素分析[J]. 空间科学学报, 2009,29(4):422 - 431.

[9] 白显宗,陈磊,张翼,等. 空间目标碰撞预警技术研究综述[J]. 宇航学报,2013,34(8): 1027 - 1039.

[10] 白显宗,陈磊. 基于空间压缩和无穷级数的空间碎片碰撞概率快速算法[J]. 应用数学学报,2009,32(2):336 - 353.